This book belongs to-

____

____

____

____

A Request from Puzzled Owl-

Your Amazon review would help this Owl out!
Type this link in your browser. It will direct you to Amazon.com
Review page for this book. **Thanks and a BIG HOOT out to you!**

puzzledowlpresents.com/review7

Published by Puzzled Owl Presents
First Edition POP Volume 2

www.puzzledowlpresents.com

This Book includes a FREE BONUS collection of
SUPER HARD Sudoku puzzles. Get them here if you dare!

www.puzzledowlpresents.info/SUDO1

PUZZLE CHALLENGE PAGE

Turn to the back of this book for an exclusive Puzzle Challenge Page. Challenge your family, friends or even me for solving these puzzles.

Post your best score on-line!!

Hooo is up for the Challenge?

Want some Wise Old Owl Tips & Tricks on solving puzzles?
Visit: www.puzzledowlpresents.info/tips

Solving Sudoku Puzzles:
Each Sudoku Puzzle contains sets of Columns, Rows and 3x3 Block of Squares.

Your challenge is to fill all the blank boxes with numbers 1- 9 and make sure there are no repeated numbers within each Column, Row and 3x3 Square.

PUZZLE

1				4	7	5		
7	4				8		6	
9	8		1			7		
4	5	1		2	3	6		8
		3	9		5		4	
	9				1	3		2
			8					
	2	4		1			7	3
3	1		6		4	9		

ANSWER

1	3	6	2	4	7	5	8	9
7	4	5	3	9	8	2	6	1
9	8	2	1	5	6	7	3	4
4	5	1	7	2	3	6	9	8
2	6	3	9	8	5	1	4	7
8	9	7	4	6	1	3	5	2
5	7	9	8	3	2	4	1	6
6	2	4	5	1	9	8	7	3
3	1	8	6	7	4	9	2	5

Puzzle #1

HARD

9			7					
5		6		9				3
	8		4			7		
	3		8			5	1	
	4				1		8	
					2			6
					5			
		8					6	9
				7				

Puzzle #2

HARD

	5		2					
				3				
				5		8		3
				6				
	3	2						9
8		1		7				2
		7	6	1			5	
5	1	9				2		4
					9		7	

Puzzle #3

HARD

	9		3		8			
	7		9				6	
		2		4				
8								
				3	1	9	4	5
					5	1		8
4				5			1	7
6							9	
				7				

Puzzle #4

HARD

		5		8	9		7	6
							1	
		2		4		3		
	8				6		4	
2		1				9		
								1
	4					1	8	
				6			3	
					1		6	9

Puzzle #5

HARD

				7	1		2	5
			3					
	9		2					8
	6							
8		3	6					7
	1	9				2		
9	7	5				1		
		2				4	7	
		8			6			

Puzzle #6

HARD

2					9	3		
	8		1		7	4		
		5						
8	7						3	
9								2
	2						9	7
			9				8	
		3	5		6			9
				1				6

Puzzle #7

HARD

			4		3		2	6
	6	1						
					9			7
4		6		1	2			
			6	4		8		
		3		8	7			
			7					5
5	1							
	4						3	

Puzzle #8

HARD

		1					5	
7			8				2	
	4	8			9			
	6						3	
			4	5		6		
					8	4	1	
	3	4	2		6			
8				9				
	7					3	6	

Puzzle #9

HARD

	4			9	3	8		
5				8				
			2		1			7
						4		2
	8							
	9	2					1	
				5		7		
		3	8					1
			6			5		8

Puzzle #10

HARD

	9			5				
			2			6		
	8						1	
7				6		2		4
8	6		1			7		
							9	
								8
2	5				6			3
			9	4				

Puzzle #11

HARD

		6	8			3	1	
3								
2		9				6	4	
1				3	7			5
				5			9	
			6		4			
6	3	5		8		1	7	
					2		5	
					3			

Puzzle #12

HARD

	2	9	7	8				
			4	6			7	
8			2					9
			8					7
	4					6	8	
		3		5				
			9			1	3	
				2		8		
1		5						2

Puzzle #13

HARD

		9					6	8
	4				8			7
	5		2			3		
	6				2	1		
			4					
			9				3	5
4			3				7	
	1						2	
	8		5					4

Puzzle #15

HARD

	1			8		2		
3								
			7	4	2	8		
					1			3
5	6			2				
			6	7				
6		5					4	
							9	7
		2	9	6				

Puzzle #14

HARD

	2							
			4			8	3	1
			6		3		4	
8	9							
5				3	2			
	4	7		1		5	6	
		9						2
	8					9	1	
7							5	

Puzzle #16

HARD

		8		4			1	
3		6			7			
2					9		3	
		5	2		3		7	
					4			2
9								
7					2	5		
								3
6	1			5				

Puzzle #17

HARD

			3			5		
	3	2	5			1		
							4	
	5	4		9				1
	9							
						4		8
1		9		7		2		
	7		1	5				
2				4	8			

Puzzle #18

HARD

	4	8	6					
3					8	5		
			1					9
		6	3				8	
		2			7		5	
	3		5		2			
	6	3						
1						3	2	
			9	4		7		

Puzzle #19

HARD

8		9	3					
					8	2		
	2	7					4	
		4	1	6			9	
3	8	6						7
	5					3		
9	3			8	4	6		
			7				8	

Puzzle #20

HARD

		8		4			6	
6				7		5		3
					1		4	
9								2
7	3		2			1		
2			6	5				9
	1			8				
							7	

Puzzle #21

HARD

				3				4
7					1	2		8
5	9	8					3	
	6				2		9	5
				4	6			
8		3						
					9			
2				5				1
					3	7	2	

Puzzle #22

HARD

				4	3	9		
			9				8	
	1		6					5
3	4				6		5	
		1			8			9
	7					2		4
8					2		7	
4				1				
			7					

Puzzle #23

HARD

	2		1				4	
3			5					
5		9	8		3			
		3		4	9		5	
		4				3	2	
								8
6						2		7
	1	7						
						8	6	

Puzzle #24

HARD

	5		6		1		8	
				7				2
7	4						6	
1			9	2			7	
		3			4		5	
	7						4	
		1						9
6								
5	9		2	6				

Puzzle #25

HARD

			1			6		
		6						
	8	5			3		7	
9	7						4	
				2			6	
		3	8					
		7		6	9	1	3	
	9			1				4
	4		2					

Puzzle #26

HARD

				5	8			
1			7			2		
	6				1		7	
4				1				
			5				9	
7	2		9			5	3	
	8							6
				3		7		
	7	9	2					3

Puzzle #27

HARD

					5	8		9
							5	
			6	2				1
8	9					3	7	
	3	6	8			2		
7			9	5				6
		3		7	2			
	6							
	4			6			3	

Puzzle #28

HARD

					9	3		5
		1					7	
9	8			5				
4			1	3	5	9		
		5			8			
						6		7
7	5			6				
		4					3	
				4			2	

Puzzle #29

HARD

9					8			
4	6					8	3	
		2	6					
2			7	9				
			5			4		
	9					2		
	3						1	
6			4	5				
					2			3

Puzzle #30

HARD

		3		8		7		
5					6			9
					9	2		5
	1							
		9		2	1	3		
				6			7	
					7			
				4	2		5	
2		8		1				3

Puzzle #31

HARD

1								
	3					2	5	
	9			4	3			
6				7		9		
			8			6		
			9			5	8	2
5		1			2			
		4	6					
			5					1

Puzzle #32

HARD

6			7			3		
1					4	9		
			8	3		2		7
		1			7			
	8		6		9			3
	9		3				8	
8	3					6		
		7					4	
	6							

Puzzle #33

HARD

				9				7
5	6	8	1					
		2			8			
			4			3		9
1		3				6	4	
			5		1	8		
4	8						7	
	5			2				

Puzzle #34

HARD

	4	5			8			
9				7				4
					1			
	8	9		3			5	
					7		6	
		2	4	5		3		7
				9			2	
		7				6		
5				1	4			

Puzzle #35

HARD

		5						
6	3					9	4	
			6					7
	9						3	8
		1	7					
				6				2
				2	5		8	
9	1							
8				4	9			3

Puzzle #36

HARD

	4			7				9
		5						
3	8							
							2	
2			9		5		3	
		1		4				7
			8			2	6	
	7				4	8		
				2		3		5

Puzzle #37

HARD

							6	1
5	8	9			4			7
			2	8				4
					3	6		
		2	6	7				
4	9						2	
1				3				
	4							
						9	8	

Puzzle #38

HARD

	4	5	3					
		9	2				8	3
		6						
			1	6				
				5		9	4	
6			9			5	3	
		3			8			
			5	3	2		1	
								9

Puzzle #39

HARD

			7		2	1	8	
	6		5					4
	4							
		7	3			5		9
		6				4		
							1	3
					8		2	
8			1		3	9		7
				9		8		

Puzzle #40

HARD

6								5
					8			4
2					6	9		
	4		6			2	1	
				9	3			
			2			5	4	
				4		8		2
1	2	8						
	3					6		

Puzzle #41

HARD

					4			8
5			6					
		3			2			9
1		5						
				4		6	1	
		7		9		5		
3			5			7		
		2			8			3
	1		3					

Puzzle #42

HARD

1			7					
		9					1	
3						9		
					9			
6		4		2				8
8	3	5		6				
	1						7	
		3	2	5		6		
			4				5	2

Puzzle #43

HARD

2					4		3	
		4						
1				6	2		8	4
		5		4			1	
	9	7						
						7	2	8
				5	8			
		1			6		5	
	7			9				1

Puzzle #45

HARD

9			1	2				
			5		9	8		
1			6			4		
	5	1			6	7		9
							8	1
4					8	5		
	9							7
					5		6	
						3		

Puzzle #44

HARD

		2	7					8
4	8	7		2		5		
				5		3		
6							3	5
8	3			4		1	6	
	2							
2							4	1
	4			8	5	7		

Puzzle #46

HARD

			5					
		6	7	9			4	1
				1		2		9
		2	8					3
9		8		2	4		7	
	5							
4		7					6	
			6					8
	1							

Puzzle #47

HARD

7		8			4		9	
					3	5	7	
		5						6
				4				2
5		3			7			1
2							6	
	6			3	9	1		
	2	4			6			

Puzzle #48

HARD

					6		8	
		9			7			
7				2				1
			8	6				
					2		6	7
	4					8	3	9
		5				1		
6			2	7				4
				3				6

Puzzle #49

HARD

					7			
			6					
			3	1		5	6	
5		1						9
	6	9		7		8		
7								
	8	6		9		1		5
					3	4		
		3			2		8	6

Puzzle #50

HARD

7				6				
9	8		5	3				
	3				8	6		
		2		4	5		3	
						9		
		5	1			2		
			9					
			6	5			2	
		3	4			7	9	

Puzzle #51

HARD

			9				6	2
8			5					
		7		4		8		
6								4
	5			3			2	
		3						
	1			9		3		
4			2	8				
		5					4	1

Puzzle #52

HARD

7	6							
	5			2			6	
2		9	3			8		
				7	2			
		3			1			9
	7		5					
5					6			3
1			7					
			1	4		9		

Puzzle #53

HARD

7		9						
3								2
					5	4	7	
			1		4			
2				8				
		1	6	9		8		
8	6							1
	7				3			
			5			3	6	

Puzzle #54

HARD

		2	5					
	7			8	3			
8		9					1	
5			4				9	
4		7				2		3
				1				
		4			9	7		
			1	2		4	6	
			8	7				

Puzzle #55

HARD

		5				2		
4					6		7	
				8	5			1
5		2		4				3
	1			6				
						5	9	
6					2			8
		1				4		
	8				4		6	9

Puzzle #56

HARD

	2	8	9				3	
			7					
					4	8		
	5			9	6	4		
2		6						
		3					5	
9			8		2			
								7
8				4	5			3

Puzzle #57

HARD

	5							2
7				4		3		
		6	5			9		
4		3			8			
6				5	3			
5	8				6	1		
			9		5			
8		2		7			9	
				3			6	

Puzzle #58

HARD

4			2					
7			9			5		
	1					4	3	
		4		2	6			
		3			7			
	6		4			8		
			7		9			
	5		8				1	
2				4			8	

Puzzle #59

HARD

2						1		6
	8	4				2		
			9	3				
		5	2	1			7	
	4			8				
1		6	5					9
	6		8				4	
								3
				6			5	

Puzzle #60

HARD

		8					1	4
			8				3	
3					1	6		
4	2			1				
					6			
			2		4	5		8
6		2				7		
9				7			4	
		7		9	5			

Puzzle #61

HARD

		6					7	
	4		1		5			2
3						9		
			8		7		3	5
	2			4	3	8		
		3	5			1		
			9					
						5	1	
	1	5						3

Puzzle #62

HARD

						5	8	
							4	
7		6						2
	9				4			8
	1		3		8		6	
				6		3		
9		7			6		1	
5			1			7		4
1	8			3				

Puzzle #63

HARD

3	9							1
			2					
6					1	2		4
		1			2		6	
			5		3	4		
				4			8	
2				6				
9		8						
					4		7	6

Puzzle #64

HARD

2			3		4			
8		9						
	6					5	1	
					1		3	8
		8		6			5	
		1		4				
9		2					8	
1					9		6	
	4		2			3		

Puzzle #65

HARD

		6		3		5		
9								2
	5				7		8	
	3		5				2	7
			7			6		
		7		9		3		
							1	
				8		4		9
		1		6	5		3	

Puzzle #66

HARD

		5				8		9
			7					6
6	7	8	3				5	
3			5		4			
	6				2		8	
8			9				2	
4						1		
				7				2
					9			

Puzzle #67

HARD

					3	2	6	
	6		4	5				8
				6				
	1							
	5			1		4		7
		9	6		5			
5					2	9		
1	4						3	
				8				1

Puzzle #68

HARD

		1		2	9		6	
						2		9
5	2		6	7		3		
7		4		8	1	6	3	
1				9	5	4		
			3		6	9	7	
	8		9				4	3
	3	2	1		7			
	1			3		7		

Puzzle #69

HARD

	8			7			4	
2					6	1		3
9				2		7		
					3			
		1	7					
5		7		4			9	
							6	8
3							2	5
			4	8				

Puzzle #70

HARD

	5					7		9
	3							8
	1		6	2				
				3			8	
9		4						
	8			7	1	9		
7					4	2		
					7			4
			5					3

Puzzle #71

HARD

	8					5		
	1			4				
5		3	8					6
1								
	6				9	7	2	
2			1	7		8		
			5				9	8
	7			2				
						3	4	

Puzzle #72

HARD

		3	2					4
1	6							
8			1					
5	1		7	2			8	
			5	3				6
		7						
4			9		1		5	
	3					9		
	7				6			8

Puzzle #73

HARD

		3				9		
			8	3			5	
4						1	8	
	5				8			7
			7	4			2	
				1			3	
3			4	7				
8		7			9			
	4					6		

Puzzle #74

HARD

3				5				2
				1				
4		7	8					
		2				3		6
	1		2	9		8		
5								
		3					8	
6			4				7	
						6	4	1

Puzzle #75

HARD

6			7	5		9		3
2								8
		4					6	2
4	7				9	3	2	
		5		6				1
	3			2				
	4				5			9
8				3	6			7

Puzzle #76

HARD

					4			
			7			5		
5		8						6
		3					4	1
			6	1				2
		7			3	9		
6				9	8		1	
		2					9	
8				6	1	4		

Puzzle #77

HARD

2		4	8		3			
		9					7	5
				9	6	2		
		3			8			4
5							9	
				2				
	5			6				
		1	5	4	9		2	
		7				9		

Puzzle #78

HARD

								9
3	2							
		4		5	1		7	3
	9			7				
		5			8	4		6
					6			
9						7		
	1		3				4	
2		8		4			1	

Puzzle #79

HARD

			1	7		6		
3		9					4	
4					3		8	5
		8	2				9	
	9	5	3					
			8			4		
	6				8	3		
8					5	1	6	

Puzzle #81

HARD

					4	1		
7	3	4					9	
			7					8
	1	7		8	5			
	8		3		9		2	
4								
9					2	5		
		1		9		4		
		5			1		8	

Puzzle #80

HARD

		8		6	1	7	2	
							5	
	4	5			3			
							7	8
4				9	7	1		
				1	8			
						9		
2				4				
5		7						

Puzzle #82

HARD

1			7			8		
			2		8	5	6	
		9		4				3
	3	2	1					6
	4							
6					2			
					9			
		8		5	4	1		
						4	3	

Puzzle #83

HARD

					9	5	4	2
7								
	4	2			3			
			9					
				1			8	3
	8	4	6				1	
		1						8
6					5	7		
2	5		1					

Puzzle #84

HARD

5		9		4			3	
6	1				9	7		
8			7		6			
				3				
	4					1		
	6				5			4
			6				1	
1							2	6
	9				7	3		

Puzzle #85

HARD

	2		3					
					7			1
					8	3	6	
9			2		6	8		
	5					9		
8		4	1				3	
					4	7		
		2	6					
	6	1		7		4		

Puzzle #86

HARD

						7		
		5	2					
							5	4
		6	4			9	2	7
			3		2			
				9				6
8		3		7				2
	7		5		8		9	
4					1			3

Puzzle #87

HARD

3	7				9			
				4			7	
		8						3
			4	7	1		6	
	5		8			3		
							1	8
		1	9	3			4	
		7	1			9		
5					7	1		

Puzzle #88

HARD

3				6	7			
		5				9		
	2	6		4			3	
7	9	1	6					
	6	8	5		4			1
	5							2
				5	1		7	
			4	8				3
	8							9

Puzzle #89

HARD

		7	1					
			8			1		
	4	2				3	9	
				9	5			2
			6	3		5		
9					6		3	
	2		9				4	
		6		1	2			5

Puzzle #90

HARD

		3					8	
				2		1		4
5				1				
	7		9	3				1
	8				7		3	
								2
		4			8	2		6
		8	7					
7	3						9	

Puzzle #91

HARD

			4	9				
	3			2		4		9
	4				1			
6						8	2	
		5					1	
4		7	5					
5			1	6		9		
		3	2	7				
	9				3			

Puzzle #92

HARD

4	7				2			
8		9	1					
	9		4			2	5	
1		8			5		3	
2			9		3		7	
		5	8			4		3
		2		6				
				3		1		

Puzzle #93

HARD

9			1			5		
			2		7		3	1
	2	8	6	5				
	5							
							6	9
4		9						
				1		9		4
	1	3		8				
6								

Puzzle #94

HARD

				3				
			2				9	
5	4		7					3
	2					4		
		6		4			2	
		8	3	1				
	7	2	9					
				6				
					8	6		

Puzzle #95

HARD

		4		7				
3		2						
6						4	2	
	9			4	5	8		6
							1	
		1			8	5	7	9
					3			8
1		6		9				
	3				1			

Puzzle #96

HARD

					3		1	8
8			4					6
	3			8		2		
2			7					
		4	3			6		
7	4		6	9		5	8	
		6	1				4	
		3		7				

Puzzle #97

HARD

9		3				1	5	
		7	9					4
6								
	4			3			7	
			2			4		
			8	5				
4					8	3		
						5	8	
3		9		7				

Puzzle #98

HARD

	5	6			1			
9							1	2
7		4						5
	7	5						
	6			7				
		9		1	6		8	
				3			9	4
		1		8		2		
					4		6	

Puzzle #99

HARD

4		1		2				7
	9							2
	3		8					5
		7	3				5	
	4				1	8		6
	2			4				
				5				
2					8	6	9	
			7					

Puzzle #100

HARD

		8	2					
		7		5		6		9
1	4							2
9					7		3	
2				8	6	1		
			5		9			
		4				8		
				6		7	5	
	6							

Puzzle #101

HARD

		5			9		1	
6	8			4			9	
							3	
1		6						7
	5		7			2		
	2			5			6	
5			9				4	
8			3		2			
		3		6				

Puzzle #102

HARD

2					3	8		
	3	5			4	1		
			9			3		
6	4	2	7		5			
7				9			4	
				3		7	2	
	9	6						
			2					1
5				1				

Puzzle #103

HARD

	3		9	1				
5	6					3		
	8		6					4
								1
9		6		2			5	
				3	6	9		
2								7
	9						8	
		8				6		

Puzzle #104

HARD

				5			1	8
7			2		6	4		
	3		9					
1							3	
	2		8			1		
	9							
	1				2			7
		4			3	8		
2		7						9

Puzzle #105

HARD

1						5	6	
					3	4		8
8			9			3		
					1		5	
			6			8		
				9				4
	3	7	1					2
6			8					9
	4				7			

Puzzle #106

HARD

		8					2	1
1			9					7
5	7	4		2				
				7	5	6		
			1	3				2
							5	
	4	2		5			6	3
6	9						8	

Puzzle #107

HARD

9		3			6			
			4					
7						4		2
						6		
	1	7	8		5		4	
		9			1			
				1	2		5	
	8			5		9		3
1				3				

Puzzle #108

HARD

				9				
1				7	5	9		2
4								5
			2	5		7	6	
	9				6			
	6				1			
	3					6		
		5					4	7
				3	7		1	9

Puzzle #109

HARD

1								7
8		5			1	4		
			5		4			
4				9		2		6
6	2		8		5			
			6		9	8		1
	3							2
		1		5		9		

Puzzle #110

HARD

	9				3	6		
		6			2		4	
		2	6					
8			2					
			9				1	
		3		8				9
	6					7		1
				1				4
4		5					9	3

Puzzle #111

HARD

				7	4	8		
			6					
	3				5	1		7
		1	4	6	2		8	
	4	6		8				3
2					7			
		7				4	1	
						3		
9	6						2	

Puzzle #112

HARD

2						4		
	3						9	
				9		8		
	9				4	2		
1	2			7	5		8	
			1					5
				5		9		2
		1		3		6		
8	5							

Puzzle #113

HARD

8			7		3			
			5	8				
		5		2				
		3			9			6
1		8				3		
		2						5
		6		1		7	9	2
				4	2			
9			6					8

Puzzle #114

HARD

3				2		7		
1			5				4	
	9					1		5
	4	7				5		1
				3				6
	3			7		2		
			9	5		8		
6								
				8				2

Puzzle #115

HARD

					5			
		4			6	3		
	9		2	7				
	7	8		1				9
				5	4	2		
	6		7					
			5					6
8							7	4
	3				9	1		

Puzzle #116

HARD

				4	1	2		8
	8	2						
						9		
8	6				9			5
			1	7				
	5			8				
4			9			8		1
			6				9	
		3		5	8			4

Puzzle #117

HARD

2		4						
9					6	4		
				3				
		8	2					
	5							
		7		5	9		3	
	6			1		8		
				9			5	3
1	7						4	

Puzzle #118

HARD

	3	4					7	2
6		2	3			4		
		3			1	8		9
	8	9	4			3		
1				9	6			3
	5	6		3				
				7			2	

Puzzle #119

HARD

9	7							
		8	5				9	
							7	6
2				3				
	8		2	4		3		
		1			6			4
			6	5				
	3	9			1	2		8
7								

Puzzle #120

HARD

6	2				4	9	1	
3				7			4	
	4	9		1		5		
				2				
								5
1		3			7	2		
					9	6		
							7	
	9		5	8			3	

Puzzle #121

HARD

			8		6			9
	8			4	2		7	
4			9				5	
8	1					3		
		6			3			5
			2		8	1	6	
		3				9		4
5							8	
			4	2				

Puzzle #122

HARD

	6							5
	9				1			
		5		4	2	3		
				7				
3			6			4		
1	8	7						
9						5		
7		8	3		9		4	2
			8					

Puzzle #123

HARD

1						5		8
				2	8	1	9	
				3				7
	9					2	4	6
		6	2	9				
				4				
2		5			9	7		
8	3		1					5

Puzzle #124

HARD

				4		5	7	2
	4		9					8
			1					
6						3	5	
3					6			1
		8						
			6	5				
	5						2	
1			4	9	3	7		

Puzzle #125

HARD

				1		2		
3	5		6			9	4	
		1						3
2							1	7
			3		2	5		
4				8				
	4							
7		6	9		8			
	8		2					

Puzzle #126

HARD

5				2	1	4		
	2	1		9	3		7	
		5				1		
			1		5	9		4
			9				8	5
	7			3				
	6	2				7		9
				4				6

Puzzle #127

HARD

	7			4				
	3				7	2	9	
			6			4		3
4					1			
	9			5		7		
		3		9	8			
2		1						
						5		8
	6	9			2		1	

Puzzle #128

HARD

2		5				6	7	
3		4					2	
				1				9
							8	
			5	9	6			
						9	4	
7		8				4		
				5				
5		3	4				6	7

Puzzle #129

HARD

		8	4			6		7
4	3							
		6	5		9			
			2	3				6
		7				5		
1	8						4	
	2					7	8	
				1	8			
		5				1		

Puzzle #130

HARD

				4	2			
	5			8				
7			5					1
4		8				2	9	
	3							
		6		2			7	
9	2				5			
					6		1	4
5								8

Puzzle #131

HARD

		1				7		
	9				8			
		7	6			4		
	1			8	7		3	
6								9
						1		4
				4				
3			9		2			
		5				6	1	

Puzzle #132

HARD

1	3					9		
7		4		6		5		
		9					1	8
	7							
5		1						
	9	8		5			2	
		6	2	9		1		
						3		
			4		3		7	

Puzzle #133

HARD

						5		
6	9				5			
5		3		4				1
	6	2				7	8	
		4						
				3				2
	1		7		8	2		5
3			6			4		9

Puzzle #134

HARD

						8		
	6							9
				1	8	6		
	2					7		6
		9	6					
		8		3			5	
3			9		7			
						1		2
5					1			4

Puzzle #135

HARD

2		9			3			
		3	6		9	5		
								7
								1
		1				9	8	5
	3		1					
		4	3	7				
		6			8			
	9				5		4	

Puzzle #136

HARD

2	5		4					3
					9		2	
	3	9	1				8	
8			6			3		
	1	2						7
				5	3	1		
		6	7					
7						4	1	
	2							

Puzzle #137

HARD

5			1					
		4		6		1		7
	9				4	2	6	
							2	
	2		3	5				
	1		4				8	6
	4	7						9
		6	5					1

Puzzle #138

HARD

		8		1		5		
	3				2		6	
		7						9
			9					2
5	2		1					4
		6	8				5	3
			4	5		9		
	1			7	3			

Puzzle #139

HARD

					3			
3					8		4	1
	5	7		9			6	
					5	3		
						4	2	
	2							7
				7		6		
7			9					
1			2			5		4

Puzzle #140

HARD

					9			7
			7		5		3	
		2						
		6	9					8
7			6		3		5	
3				1				
5							6	4
			1	2		8	9	
1								

Puzzle #141

HARD

		3	6			9		
5		2		9				
					3			
		4		2	7		6	
3	5		9				7	
		9	8					3
4					8	6		
	2		7			4		
8			2					

Puzzle #142

HARD

	3							8
8			1			4		
		9	3			2	5	
	1				9	7		
9		5					4	
4					3		2	
	7			8				
5	8		2				3	

Puzzle #143

HARD

		2			6	7		
	3		1					2
9				3			6	
		9		2				
			5			9		1
	7						5	
8			7			1		
				1			8	6
6				9			7	

Puzzle #145

HARD

							2	4
				2	7		1	
	5		1		4			9
5	2			7		3		
8				9				
			2		6	9		
					5			
1	9		3					
4							8	5

Puzzle #144

HARD

		6			4			8
7		3	9					
9			3			1		
		1	2	8				
2				9		7		
		8						
		7	1					
		5				2	7	
				5			4	

Puzzle #146

HARD

7	5						4	6
1	9		7		8		5	
2		5	3					
	1	7						
6	8				5	9		
			9	6	3			
				2			3	8

Puzzle #147

HARD

4					3	8		
		5	1		4		9	
		2						
3					8	5		2
							8	
6				4	9		1	
		4			5	1		6
	7							
				2				

Puzzle #148

HARD

		4		8		9	5	2
		1		2				
		6				3		
2							6	3
	5				7	4		
			4					
	9				5			4
						6	8	9
			1				2	

Puzzle #149

HARD

7		8	2					
			4			5		2
					3	8		9
		6		9				
9	1			7				
			6		4			
8	2	1		6		4		
		3			8			
	4					3	6	

Puzzle #150

HARD

3						7		9
				6				
					4		8	1
			5					
	1		6				4	
6				3	7			8
	2			7				
7				9		6		5
	5						1	

Puzzle #151

HARD

	1	9			3	6	2	
		8			5		4	
			6	9				
4	6		1					5
7				4			1	
		6				2		
	3				7		9	
			8			3		

Puzzle #152

HARD

				4			6	
		4	2					8
6	5				7			
2		9						
8					9	7		6
5							3	
		2			1		4	
				9		2		
	9	3		7			1	

Puzzle #153

HARD

	3			5	1		8	
	6			9				
					4	5		
				2		9		
1					7			4
2		7						5
								1
		3			2			
9	8			6			3	

Puzzle #154

HARD

	1	9						7
	7			5	2		3	
						4		
	2		9			5		
								1
5		8					4	9
	5		7			1		
		2						
		3	2	9			6	4

Puzzle #155

HARD

4		2	1					
5					7			
		1	9					2
				7			2	
7	6		5			4		8
		3				6		
				3			7	
			4		9		8	
3						2	4	

Puzzle #156

HARD

			5					9
		1		9		4		
7								1
			1				2	
		2			4			
1			3	7			5	
	9	7			3	2		8
			4	8			1	

Puzzle #157

HARD

7					3			
		9			5			
			6	7				4
	1						3	7
						1		8
	6			5		4		
6								
		7				3	2	
	9		4	8				5

Puzzle #158

HARD

7		1					2	
	6		8					
	2				3	5		
			4		8			
	1			3			9	
				2		7		4
					4			
8		3		7				1
	5	7			6	8		

Puzzle #159

HARD

		4					6	
6			2					
	9				3	8		4
4	3	2			1			
	6		4					
				3			5	
	4	9				5		
8			5				1	2
				8				7

Puzzle #160

HARD

		8		5				
9					8			7
	2			3	4			
	8							4
1		4				5	7	
	9				1			
					5	6	9	
	4		6				1	
				2	9	8		

Puzzle #161

HARD

		6				9		
		8		4				
3	2	9			6			7
							1	
	5		8					
		1			7	8		2
	9						6	
			7	3			8	
8	1						3	

Puzzle #162

HARD

				7		9		4
			2		6			7
2		5	3					
1		8						
					9	6		
4					3		1	
								6
							4	
8		4	5					2

Puzzle #163

HARD

2					8	6		
			9	4				
5					3			
8			1	7				
				9			5	
7	5	4	2					1
								7
		2			9		1	
				1		3	8	

Puzzle #164

HARD

		4		2				
	8		9	1		3		
1						9		7
9		3	6		8	4		1
			2			7		
							3	5
4								
			1		7			
		6		4			5	9

Puzzle #165

HARD

2	8							
		7		9			3	
				7	1	6		
6					8			5
	4					2		
			2				7	
	7							
			1	3	9	7	6	
		8	4					1

Puzzle #166

HARD

		3			9			
6			1					5
		9	7	3				
		7	9			1		
3					5			
	5					7		6
			5				8	4
2	3							9
4				6		3		

Puzzle #167

HARD

	6			3	1	5	8	9
5	4							3
							7	
				9	3			
2			7		5			
4	3				2			5
	5	7					6	
		1	6					8

Puzzle #168

HARD

2			8			4		
							6	1
	1							
			6				5	
		3		9	7		8	4
	7		2		3			
		8		2	4	3		
					6	9		
	6							

Puzzle #169

HARD

	8		5	9				
		5				9		
3		7	2					8
				8				3
		6	9		3	7		
				4		6		9
1				2				
		3					6	7
		9						1

Puzzle #170

HARD

8		6		1			9	
		4		6	9	2		
			6			8		3
						9	5	
2		8		7				
	2			5	8			
		3				6		
	5						3	

Puzzle #171

HARD

	3		5	2		1		
9				8	4	7		2
		4	9					5
5	6		2					
8		1		5		3		
3								
				6		4	5	1
				4				6
							7	

Puzzle #172

HARD

4		5		9	1			6
								1
1					7			
			3					8
	9			1		2	4	
	4	7			9			
					8	7		3
5	8					4		
	7							

Puzzle #173

HARD

3	9		4		8	2		
				5	7			6
	1			2			5	
					5		3	
			6					1
						9		2
		4					8	
	5			7				
6		2	8					

Puzzle #174

HARD

			1		6	3		5
	4						9	
2			9			8		6
	9		2					
7				3	1			
		2	6	4				
6								
		5					2	1
						7	8	

Puzzle #175

HARD

						9	8	
		9		1				
					6			
3					9			6
	6	8	5					9
					4	7	2	
1		7	4				3	
	9		6	7		5	4	
	5							

Puzzle #176

HARD

3					9		2	1
	8							
						4	7	
	3				2			
8		5			7		1	4
	7							5
			6		1			
1	4			5				
		9		4				3

Puzzle #177

HARD

	9	2			3			
6								9
						3	2	
7		6	5				3	1
5					2			
4					9		8	
		7		1			4	
			6	8				7
							6	

Puzzle #178

HARD

	5			2	7			9
		2		3				
	7					6		
		5						
				4		7	3	5
	1		9					
5		9					8	
		3					9	
8					1			4

Puzzle #179

HARD

	8		4	3				
			1					5
							8	
	6						2	
					8		7	1
		2	7	1	4	5		
	7		3				9	
	1			2		8		
3				5			1	

Puzzle #180

HARD

	8					1		
9								
					3			6
				1	2			8
		1		9	8	5		3
2	6		3			9		
7		9			4		1	
8				7				2
							3	

Puzzle #181

HARD

	4				1			
				8	4	2	7	
	2							
	3			2				
8			3				5	4
		4	6					3
			1	7	6			
7	8					4	9	
							1	

Puzzle #183

HARD

2								
		4		6	8	9		
		7	4				2	
						4		
					7		1	
						5		3
		2	6			7		
5					2		6	1
	4		3	5				2

Puzzle #182

HARD

		3	5		6			8
9				2		4		7
	8	7						3
			6			7	3	4
			7				9	
8				9				6
			4					
2				5	9			
					2			

Puzzle #184

HARD

				1				
5	6	8		2			1	
	9	1		5		6		2
				3			7	
	8				1			
		9	8			4		
		5			6			
						3	9	5
	1				4		2	

Puzzle #185

HARD

1	4		9	7		8	3	
3	2		6	5				
		6				9		5
		7		3	4	6	5	
								4
	1		5		9	3	7	
		4		9		7	8	1
		8	7					3
	6			8	5	2		

Puzzle #186

HARD

		4				7		3
					2		6	
	1			9				
			7			5		1
7	3			1				
	9		2			3		
		2	5					
5	6		3			8		4
8						2		

Puzzle #187

HARD

		5					8	1
9						5	6	3
	2							
								8
		1			8	6		
	9		6	7			4	
					2	7	9	
		6	8		1			
				3				6

Puzzle #188

HARD

4			5					
	9				6			
		3	2	9	4			
							5	8
		4				9		7
1	2							6
			9					
5					1	8	2	
	8	6					9	5

Puzzle #189

HARD

6	8						9	
		7						
				2		3		6
			5		9	1	7	
	4	6	3			5		
	1		4					
					4			9
		4						
2			9	7				8

Puzzle #190

HARD

1				8	6			
3				4		8		
6					2			3
5	9							2
					5	7	3	
		3					1	
		4				2		
	5		1					8
7			4	2				

Puzzle #191

HARD

		6	8				2	
					4			6
4				3		1		
8			5		6			4
	9					7		
				8			9	2
							3	
5	2			6				
1			4				5	

Puzzle #193

HARD

		1		2				
	5			3				7
7		2			4		6	
				8	3		7	
						5		
			9	7			2	8
								2
	3				5		1	
		7		4	6	3		

Puzzle #192

HARD

					4	2		
5		8						
		3			9		6	
	7	1		9	6			
3			1				7	
		9		2				
								2
9			5		7			3
	5							1

Puzzle #194

HARD

9		6		5				
4			8			2		
7					4			1
			5	7				
					9			
6						4		
						1		3
5		8		3				4
3					7		9	6

Puzzle #195

HARD

		5						2
				6			8	
	6			7				5
9	4		7	5				
		3		9	1		6	7
				4				
	7							
		6	3			8		
						3	2	9

Puzzle #196

HARD

	6		5					7
			4	2				
		1		6				
4	2			5			3	
	7	9				6		
1						8	4	
	4		3				8	
3			7		1	5		

Puzzle #197

HARD

	5	7	8					
9		3		4				
							6	
8								9
							4	2
		4	6	3	2		7	
			5			3		
	7			2	9			1
		8			1			

Puzzle #198

HARD

		8					4	
	3	5	1				8	
		6	8			5		2
4				2		3		5
5								
				4	1			
								6
3				9		4		7
			4		6			

Puzzle #199

HARD

	1			6				
	5					9		
			4	2	1	8		
			3		2			
3				8		5		
	4	9			7			
8			6	3	5		7	
	2					1		
							8	

Puzzle #200

HARD

		9		4			7	
		7		9		2		1
	5		8					
			1				9	8
3	2		4					
	1	5					6	
	6		2		8			
5								
					7		4	

Puzzle #201

HARD

9			7					
5		6		9				3
	8		4			7		
	3		8			5	1	
	4				1		8	
					2			6
					5			
		8					6	9
				7				

Puzzle #202

HARD

	5		2					
				3				
				5		8		3
				6				
	3	2						9
8		1		7				2
		7	6	1			5	
5	1	9				2		4
					9		7	

Puzzle #203

HARD

	9		3		8			
	7		9				6	
		2		4				
8								
				3	1	9	4	5
					5	1		8
4				5			1	7
6							9	
				7				

Puzzle #204

HARD

		5		8	9		7	6
							1	
		2		4		3		
	8				6		4	
2		1				9		
								1
	4					1	8	
				6			3	
					1		6	9

Puzzle # 205

HARD

				7	1		2	5
			3					
	9		2					8
	6							
8		3	6					7
	1	9				2		
9	7	5				1		
		2				4	7	
		8			6			

Puzzle #206

HARD

2					9	3		
	8		1		7	4		
		5						
8	7						3	
9								2
	2						9	7
			9				8	
		3	5		6			9
				1				6

Puzzle #207

HARD

			4		3		2	6
	6	1						
					9			7
4		6		1	2			
			6	4		8		
		3		8	7			
			7					5
5	1							
	4						3	

Puzzle #208

HARD

		1					5	
7			8				2	
	4	8			9			
	6						3	
			4	5		6		
					8	4	1	
	3	4	2		6			
8				9				
	7					3	6	

Puzzle #209

HARD

	4			9	3	8		
5				8				
			2		1			7
						4		2
	8							
	9	2					1	
				5		7		
		3	8					1
			6			5		8

Puzzle #210

HARD

	9			5				
			2			6		
	8						1	
7				6		2		4
8	6		1			7		
							9	
								8
2	5				6			3
			9	4				

Puzzle #211

HARD

		6	8			3	1	
3								
2		9				6	4	
1				3	7			5
				5			9	
			6		4			
6	3	5		8		1	7	
					2		5	
					3			

Puzzle #212

HARD

	2	9	7	8				
			4	6			7	
8			2					9
			8					7
	4					6	8	
		3		5				
			9			1	3	
				2		8		
1		5						2

Puzzle #213

HARD

		9					6	8
	4				8			7
	5		2			3		
	6				2	1		
			4					
			9				3	5
4			3				7	
	1						2	
	8		5					4

Puzzle #214

HARD

	2							
			4			8	3	1
			6		3		4	
8	9							
5				3	2			
	4	7		1		5	6	
		9						2
	8					9	1	
7							5	

Puzzle # 215

HARD

	1			8		2		
3								
			7	4	2	8		
					1			3
5	6			2				
			6	7				
6		5					4	
							9	7
		2	9	6				

Puzzle # 216

HARD

		8		4			1	
3		6			7			
2					9		3	
		5	2		3		7	
					4			2
9								
7					2	5		
								3
6	1			5				

Puzzle # 217

HARD

			3			5		
	3	2	5			1		
							4	
	5	4		9				1
	9							
						4		8
1		9		7		2		
	7		1	5				
2				4	8			

Puzzle # 219

HARD

8		9	3					
					8	2		
	2	7					4	
		4	1	6			9	
3	8	6						7
	5					3		
9	3			8	4	6		
			7				8	

Puzzle # 218

HARD

	4	8	6					
3					8	5		
			1					9
		6	3				8	
		2			7		5	
	3		5		2			
	6	3						
1						3	2	
			9	4		7		

Puzzle # 220

HARD

		8		4			6	
6				7		5		3
					1		4	
9								2
7	3		2			1		
2			6	5				9
	1			8				
							7	

Puzzle #221

HARD

				3				4
7					1	2		8
5	9	8					3	
	6				2		9	5
				4	6			
8		3						
					9			
2				5				1
					3	7	2	

Puzzle # 222

HARD

				4	3	9		
			9				8	
	1		6					5
3	4				6		5	
		1			8			9
	7					2		4
8					2		7	
4				1				
			7					

Puzzle #223

HARD

	2		1				4	
3			5					
5		9	8		3			
		3		4	9		5	
		4				3	2	
								8
6						2		7
	1	7						
						8	6	

Puzzle # 224

HARD

	5		6		1		8	
				7				2
7	4						6	
1			9	2			7	
		3			4		5	
	7						4	
		1						9
6								
5	9		2	6				

Puzzle # 225

HARD

			1			6		
		6						
	8	5			3		7	
9	7						4	
				2			6	
		3	8					
		7		6	9	1	3	
	9			1				4
	4		2					

Puzzle # 226

HARD

				5	8			
1			7			2		
	6				1		7	
4				1				
			5				9	
7	2		9			5	3	
	8							6
				3		7		
	7	9	2					3

Puzzle #227

HARD

					5	8		9
							5	
			6	2				1
8	9					3	7	
	3	6	8			2		
7			9	5				6
		3		7	2			
	6							
	4			6			3	

Puzzle #228

HARD

					9	3		5
		1					7	
9	8			5				
4			1	3	5	9		
		5			8			
						6		7
7	5			6				
		4					3	
				4			2	

Puzzle #229

HARD

9					8			
4	6					8	3	
		2	6					
2			7	9				
			5			4		
	9					2		
	3						1	
6			4	5				
					2			3

Puzzle # 231

HARD

1								
	3					2	5	
	9			4	3			
6				7		9		
			8			6		
			9			5	8	2
5		1			2			
		4	6					
			5					1

Puzzle # 230

HARD

		3		8		7		
5					6			9
					9	2		5
	1							
		9		2	1	3		
				6			7	
					7			
				4	2		5	
2		8		1				3

Puzzle # 232

HARD

6			7			3		
1					4	9		
			8	3		2		7
		1			7			
	8		6		9			3
	9		3				8	
8	3					6		
		7					4	
	6							

Puzzle #233

HARD

				9				7
5	6	8	1					
		2			8			
			4			3		9
1		3				6	4	
			5		1	8		
4	8						7	
	5			2				

Puzzle #234

HARD

	4	5			8			
9				7				4
					1			
	8	9		3			5	
					7		6	
		2	4	5		3		7
				9			2	
		7				6		
5				1	4			

Puzzle #235

HARD

		5						
6	3					9	4	
			6					7
	9						3	8
		1	7					
				6				2
				2	5		8	
9	1							
8				4	9			3

Puzzle #236

HARD

	4			7				9
		5						
3	8							
							2	
2			9		5		3	
		1		4				7
			8			2	6	
	7				4	8		
				2		3		5

Puzzle #237

HARD

							6	1
5	8	9			4			7
			2	8				4
					3	6		
		2	6	7				
4	9						2	
1				3				
	4							
						9	8	

Puzzle #238

HARD

	4	5	3					
		9	2				8	3
		6						
			1	6				
				5		9	4	
6			9			5	3	
		3			8			
			5	3	2		1	
								9

Puzzle # 239

HARD

			7		2	1	8	
	6		5					4
	4							
		7	3			5		9
		6				4		
							1	3
					8		2	
8			1		3	9		7
				9		8		

Puzzle # 240

HARD

6								5
					8			4
2					6	9		
	4		6			2	1	
				9	3			
			2			5	4	
				4		8		2
1	2	8						
	3					6		

Puzzle # 241

HARD

					4			8
5			6					
		3			2			9
1		5						
				4		6	1	
		7		9		5		
3			5			7		
		2			8			3
	1		3					

Puzzle #242

HARD

1			7					
		9					1	
3						9		
					9			
6		4		2				8
8	3	5		6				
	1						7	
		3	2	5		6		
			4				5	2

Puzzle #243

HARD

2					4		3	
		4						
1				6	2		8	4
		5		4			1	
	9	7						
						7	2	8
				5	8			
		1			6		5	
	7			9				1

Puzzle #244

HARD

		2	7					8
4	8	7		2		5		
				5		3		
6							3	5
8	3			4		1	6	
	2							
2							4	1
	4			8	5	7		

Puzzle #245

HARD

9			1	2				
			5		9	8		
1			6			4		
	5	1			6	7		9
							8	1
4					8	5		
	9							7
					5		6	
						3		

Puzzle #246

HARD

			5					
		6	7	9			4	1
				1		2		9
		2	8					3
9		8		2	4		7	
	5							
4		7					6	
			6					8
	1							

Puzzle # 247

HARD

7		8			4		9	
					3	5	7	
		5						6
				4				2
5		3			7			1
2							6	
	6			3	9	1		
	2	4			6			

Puzzle #248

HARD

					6		8	
		9			7			
7				2				1
			8	6				
					2		6	7
	4					8	3	9
		5				1		
6			2	7				4
				3				6

Puzzle #249

HARD

					7			
			6					
			3	1		5	6	
5		1						9
	6	9		7		8		
7								
	8	6		9		1		5
					3	4		
		3			2		8	6

Puzzle #250

HARD

7				6				
9	8		5	3				
	3				8	6		
		2		4	5		3	
						9		
		5	1			2		
			9					
			6	5			2	
		3	4			7	9	

Puzzle #251

HARD

			9				6	2
8			5					
		7		4		8		
6								4
	5			3			2	
		3						
	1			9		3		
4			2	8				
		5					4	1

Puzzle #252

HARD

7	6							
	5			2			6	
2		9	3			8		
				7	2			
		3			1			9
	7		5					
5					6			3
1			7					
			1	4		9		

Puzzle # 253

HARD

7		9						
3								2
					5	4	7	
			1		4			
2				8				
		1	6	9		8		
8	6							1
	7				3			
			5			3	6	

Puzzle # 254

HARD

		2	5					
	7			8	3			
8		9					1	
5			4				9	
4		7				2		3
				1				
		4			9	7		
			1	2		4	6	
			8	7				

Puzzle # 255

HARD

		5				2		
4					6		7	
				8	5			1
5		2		4				3
	1			6				
						5	9	
6					2			8
		1				4		
	8				4		6	9

Puzzle # 256

HARD

	2	8	9				3	
			7					
					4	8		
	5			9	6	4		
2		6						
		3					5	
9			8		2			
								7
8				4	5			3

Puzzle # 257

HARD

	5							2
7				4		3		
		6	5			9		
4		3			8			
6				5	3			
5	8				6	1		
			9		5			
8		2		7			9	
				3			6	

Puzzle # 258

HARD

4			2					
7			9			5		
	1					4	3	
		4		2	6			
		3			7			
	6		4			8		
			7		9			
	5		8				1	
2				4			8	

Puzzle #259

HARD

2						1		6
	8	4				2		
			9	3				
		5	2	1			7	
	4			8				
1		6	5					9
	6		8				4	
								3
				6			5	

Puzzle #260

HARD

		8					1	4
			8				3	
3					1	6		
4	2			1				
					6			
			2		4	5		8
6		2				7		
9				7			4	
		7		9	5			

Puzzle # 261

HARD

		6					7	
	4		1		5			2
3						9		
			8		7		3	5
	2			4	3	8		
		3	5			1		
			9					
						5	1	
	1	5						3

Puzzle # 262

HARD

						5	8	
							4	
7		6						2
	9				4			8
	1		3		8		6	
				6		3		
9		7			6		1	
5			1			7		4
1	8			3				

Puzzle #263

HARD

3	9							1
			2					
6					1	2		4
		1			2		6	
			5		3	4		
				4			8	
2				6				
9		8						
					4		7	6

Puzzle #264

HARD

2			3		4			
8		9						
	6					5	1	
					1		3	8
		8		6			5	
		1		4				
9		2					8	
1					9		6	
	4		2			3		

Puzzle # 265

HARD

		6		3		5		
9								2
	5				7		8	
	3		5				2	7
			7			6		
		7		9		3		
							1	
				8		4		9
		1		6	5		3	

Puzzle #266

HARD

		5				8		9
			7					6
6	7	8	3				5	
3			5		4			
	6				2		8	
8			9				2	
4						1		
				7				2
					9			

Puzzle #267

HARD

					3	2	6	
	6		4	5				8
				6				
	1							
	5			1		4		7
		9	6		5			
5					2	9		
1	4						3	
				8				1

Puzzle #268

HARD

		1		2	9		6	
						2		9
5	2		6	7		3		
7		4		8	1	6	3	
1				9	5	4		
			3		6	9	7	
	8		9				4	3
	3	2	1		7			
	1			3		7		

Puzzle # 269

HARD

	8			7			4	
2					6	1		3
9				2		7		
					3			
		1	7					
5		7		4			9	
							6	8
3							2	5
			4	8				

Puzzle # 270

HARD

	5					7		9
	3							8
	1		6	2				
				3			8	
9		4						
	8			7	1	9		
7					4	2		
					7			4
			5					3

Puzzle # 271

HARD

	8					5		
	1			4				
5		3	8					6
1								
	6				9	7	2	
2			1	7		8		
			5				9	8
	7			2				
						3	4	

Puzzle # 272

HARD

		3	2					4
1	6							
8			1					
5	1		7	2			8	
			5	3				6
		7						
4			9		1		5	
	3					9		
	7				6			8

Puzzle # 273

HARD

		3				9		
			8	3			5	
4						1	8	
	5				8			7
			7	4			2	
				1			3	
3			4	7				
8		7			9			
	4					6		

Puzzle # 274

HARD

3				5				2
				1				
4		7	8					
		2				3		6
	1		2	9		8		
5								
		3					8	
6			4				7	
						6	4	1

Puzzle #275

HARD

6			7	5		9		3
2								8
		4					6	2
4	7				9	3	2	
		5		6				1
	3			2				
	4				5			9
8				3	6			7

Puzzle #276

HARD

					4			
			7			5		
5		8						6
		3					4	1
			6	1				2
		7			3	9		
6				9	8		1	
		2					9	
8				6	1	4		

Puzzle #277

HARD

2		4	8		3			
		9					7	5
				9	6	2		
		3			8			4
5							9	
				2				
	5			6				
		1	5	4	9		2	
		7				9		

Puzzle # 278

HARD

								9
3	2							
		4		5	1		7	3
	9			7				
		5			8	4		6
					6			
9						7		
	1		3				4	
2		8		4			1	

Puzzle # 279

HARD

			1	7		6		
3		9					4	
4					3		8	5
		8	2				9	
	9	5	3					
			8			4		
	6				8	3		
8					5	1	6	

Puzzle # 280

HARD

		8		6	1	7	2	
							5	
	4	5			3			
							7	8
4				9	7	1		
				1	8			
						9		
2				4				
5		7						

Puzzle # 281

HARD

					4	1		
7	3	4					9	
			7					8
	1	7		8	5			
	8		3		9		2	
4								
9					2	5		
		1		9		4		
		5			1		8	

Puzzle # 282

HARD

1			7			8		
			2		8	5	6	
		9		4				3
	3	2	1					6
	4							
6					2			
					9			
		8		5	4	1		
						4	3	

Puzzle #283

HARD

					9	5	4	2
7								
	4	2			3			
			9					
				1			8	3
	8	4	6				1	
		1						8
6					5	7		
2	5		1					

Puzzle # 284

HARD

5		9		4			3	
6	1				9	7		
8			7		6			
				3				
	4					1		
	6				5			4
			6				1	
1							2	6
	9				7	3		

Puzzle # 285

HARD

	2		3					
					7			1
					8	3	6	
9			2		6	8		
	5					9		
8		4	1				3	
					4	7		
		2	6					
	6	1		7		4		

Puzzle # 286

HARD

						7		
		5	2					
							5	4
		6	4			9	2	7
			3		2			
				9				6
8		3		7				2
	7		5		8		9	
4					1			3

Puzzle #287

HARD

3	7				9			
				4			7	
		8						3
			4	7	1		6	
	5		8			3		
							1	8
		1	9	3			4	
		7	1			9		
5					7	1		

Puzzle #288

HARD

3				6	7			
		5				9		
	2	6		4			3	
7	9	1	6					
	6	8	5		4			1
	5							2
				5	1		7	
			4	8				3
	8							9

Puzzle #289

HARD

		7	1					
			8			1		
	4	2				3	9	
				9	5			2
			6	3		5		
9					6		3	
	2		9				4	
		6		1	2			5

Puzzle # 291

HARD

			4	9				
	3			2		4		9
	4				1			
6						8	2	
		5					1	
4		7	5					
5			1	6		9		
		3	2	7				
	9				3			

Puzzle #290

HARD

		3					8	
				2		1		4
5				1				
	7		9	3				1
	8				7		3	
								2
		4			8	2		6
		8	7					
7	3						9	

Puzzle # 292

HARD

4	7				2			
8		9	1					
	9		4			2	5	
1		8			5		3	
2			9		3		7	
		5	8			4		3
		2		6				
				3		1		

Puzzle # 293

HARD

9			1			5		
			2		7		3	1
	2	8	6	5				
	5							
							6	9
4		9						
				1		9		4
	1	3		8				
6								

Puzzle # 294

HARD

				3				
			2				9	
5	4		7					3
	2					4		
		6		4			2	
		8	3	1				
	7	2	9					
				6				
					8	6		

Puzzle # 295

HARD

		4		7				
3		2						
6						4	2	
	9			4	5	8		6
							1	
		1			8	5	7	9
					3			8
1		6		9				
	3				1			

Puzzle # 296

HARD

					3		1	8
8			4					6
	3			8		2		
2			7					
		4	3			6		
7	4		6	9		5	8	
		6	1				4	
		3		7				

Puzzle # 297

HARD

9		3				1	5	
		7	9					4
6								
	4			3			7	
			2			4		
			8	5				
4					8	3		
						5	8	
3		9		7				

Puzzle # 298

HARD

	5	6			1			
9							1	2
7		4						5
	7	5						
	6			7				
		9		1	6		8	
				3			9	4
		1		8		2		
					4		6	

Puzzle #299

HARD

4		1		2				7
	9							2
	3		8					5
		7	3				5	
	4				1	8		6
	2			4				
				5				
2					8	6	9	
			7					

Puzzle #300

HARD

		8	2					
		7		5		6		9
1	4							2
9					7		3	
2				8	6	1		
			5		9			
		4				8		
				6		7	5	
	6							

Puzzle # 1

9	2	4	7	1	3	6	5	8
5	7	6	2	9	8	1	4	3
1	8	3	4	5	6	7	9	2
2	3	9	8	6	7	5	1	4
6	4	5	9	3	1	2	8	7
8	1	7	5	4	2	9	3	6
3	9	2	6	8	5	4	7	1
7	5	8	1	2	4	3	6	9
4	6	1	3	7	9	8	2	5

Puzzle # 2

4	5	3	2	9	8	7	1	6
1	9	8	7	3	6	4	2	5
2	7	6	4	5	1	8	9	3
9	4	5	8	6	2	1	3	7
7	3	2	1	4	5	6	8	9
8	6	1	9	7	3	5	4	2
3	2	7	6	1	4	9	5	8
5	1	9	3	8	7	2	6	4
6	8	4	5	2	9	3	7	1

Puzzle # 3

5	9	4	3	6	8	7	2	1
3	7	8	9	1	2	5	6	4
1	6	2	5	4	7	3	8	9
8	1	5	7	9	4	2	3	6
7	2	6	8	3	1	9	4	5
9	4	3	6	2	5	1	7	8
4	3	9	2	5	6	8	1	7
6	5	7	1	8	3	4	9	2
2	8	1	4	7	9	6	5	3

Puzzle # 4

4	3	5	1	8	9	2	7	6
6	9	7	3	5	2	8	1	4
8	1	2	6	4	7	3	9	5
5	8	9	2	1	6	7	4	3
2	6	1	4	7	3	9	5	8
3	7	4	5	9	8	6	2	1
9	4	6	7	3	5	1	8	2
1	2	8	9	6	4	5	3	7
7	5	3	8	2	1	4	6	9

Puzzle # 5

3	8	4	9	7	1	6	2	5
5	2	6	3	8	4	7	9	1
7	9	1	2	6	5	3	4	8
2	6	7	1	3	9	8	5	4
8	5	3	6	4	2	9	1	7
4	1	9	8	5	7	2	6	3
9	7	5	4	2	3	1	8	6
6	3	2	5	1	8	4	7	9
1	4	8	7	9	6	5	3	2

Puzzle # 6

2	4	7	8	5	9	3	6	1
3	8	9	1	6	7	4	2	5
1	6	5	4	2	3	9	7	8
8	7	1	2	9	5	6	3	4
9	3	6	7	4	8	5	1	2
5	2	4	6	3	1	8	9	7
6	5	2	9	7	4	1	8	3
7	1	3	5	8	6	2	4	9
4	9	8	3	1	2	7	5	6

Puzzle # 7

8	9	5	4	7	3	1	2	6
7	6	1	5	2	8	3	9	4
3	2	4	1	6	9	5	8	7
4	8	6	3	1	2	7	5	9
9	7	2	6	4	5	8	1	3
[illegible]	5	3	9	8	7	4	6	2
6	3	8	7	9	1	2	4	5
[illegible]	1	9	2	3	4	6	7	8
[illegible]	4	7	8	5	6	9	3	1

Puzzle # 8

2	9	1	6	3	7	8	5	4
7	5	3	8	4	1	9	2	6
6	4	8	5	2	9	1	7	3
4	6	5	9	1	2	7	3	8
1	8	7	4	5	3	6	9	2
3	2	9	7	6	8	4	1	5
9	3	4	2	7	6	5	8	1
8	1	6	3	9	5	2	4	7
5	7	2	1	8	4	3	6	9

Puzzle # 9

1	4	7	5	9	3	8	2	6
5	2	9	7	8	6	1	4	3
6	3	8	2	4	1	9	5	7
3	1	5	9	6	7	4	8	2
4	8	6	1	2	5	3	7	9
7	9	2	4	3	8	6	1	5
8	6	1	3	5	2	7	9	4
9	5	3	8	7	4	2	6	1
2	7	4	6	1	9	5	3	8

Puzzle # 10

3	9	2	6	5	1	8	4	7
1	4	7	2	3	8	6	5	9
5	8	6	4	9	7	3	1	2
7	1	5	3	6	9	2	8	4
8	6	9	1	2	4	7	3	5
4	2	3	7	8	5	1	9	6
9	3	1	5	7	2	4	6	8
2	5	4	8	1	6	9	7	3
6	7	8	9	4	3	5	2	1

Puzzle # 11

4	7	6	8	2	5	3	1	9
3	1	8	9	4	6	5	2	7
2	5	9	3	7	1	6	4	8
1	9	4	2	3	7	8	6	5
7	6	3	1	5	8	2	9	4
5	8	2	6	9	4	7	3	1
6	3	5	4	8	9	1	7	2
8	4	1	7	6	2	9	5	3
9	2	7	5	1	3	4	8	6

Puzzle # 12

6	2	9	7	8	5	4	1	3
3	5	1	4	6	9	2	7	8
8	7	4	2	1	3	5	6	9
9	1	6	8	4	2	3	5	7
5	4	2	3	9	7	6	8	1
7	8	3	1	5	6	9	2	4
2	6	8	9	7	4	1	3	5
4	3	7	5	2	1	8	9	6
1	9	5	6	3	8	7	4	2

Puzzle # 13

2	7	9	1	5	3	4	6	8
1	4	3	6	9	8	2	5	7
6	5	8	2	7	4	3	9	1
7	6	5	8	3	2	1	4	9
9	3	1	4	6	5	7	8	2
8	2	4	9	1	7	6	3	5
4	9	2	3	8	1	5	7	6
5	1	6	7	4	9	8	2	3
3	8	7	5	2	6	9	1	4

Puzzle # 14

3	2	4	8	5	1	7	9	6
9	6	5	4	2	7	8	3	1
1	7	8	6	9	3	2	4	5
8	9	3	5	6	4	1	2	7
5	1	6	7	3	2	4	8	9
2	4	7	9	1	8	5	6	3
4	5	9	1	8	6	3	7	2
6	8	2	3	7	5	9	1	4
7	3	1	2	4	9	6	5	8

Puzzle # 15

7	1	4	3	8	9	2	5	6
3	2	8	1	5	6	9	7	4
9	5	6	7	4	2	8	3	1
2	8	7	5	9	1	4	6	3
5	6	9	4	2	3	7	1	8
4	3	1	6	7	8	5	2	9
6	9	5	8	3	7	1	4	2
8	4	3	2	1	5	6	9	7
1	7	2	9	6	4	3	8	5

Puzzle # 16

5	9	8	3	4	6	2	1	7
3	4	6	1	2	7	8	9	5
2	7	1	5	8	9	4	3	6
8	6	5	2	9	3	1	7	4
1	3	7	8	6	4	9	5	2
9	2	4	7	1	5	3	6	8
7	8	9	6	3	2	5	4	1
4	5	2	9	7	1	6	8	3
6	1	3	4	5	8	7	2	9

Puzzle # 17

7	4	6	3	1	9	5	8	2
9	3	2	5	8	4	1	7	6
5	1	8	2	6	7	9	4	3
3	5	4	8	9	6	7	2	1
8	9	7	4	2	1	6	3	5
6	2	1	7	3	5	4	9	8
1	8	9	6	7	3	2	5	4
4	7	3	1	5	2	8	6	9
2	6	5	9	4	8	3	1	7

Puzzle # 18

9	4	8	6	3	5	1	7	2
3	2	1	7	9	8	5	4	6
6	5	7	1	2	4	8	3	9
5	7	6	3	1	9	2	8	4
8	1	2	4	6	7	9	5	3
4	3	9	5	8	2	6	1	7
7	6	3	2	5	1	4	9	8
1	9	4	8	7	6	3	2	5
2	8	5	9	4	3	7	6	1

Puzzle # 19

8	4	9	3	5	2	7	6	1
6	1	3	4	7	8	2	5	9
5	2	7	6	1	9	8	4	3
1	9	5	8	2	7	4	3	6
2	7	4	1	6	3	5	9	8
3	8	6	9	4	5	1	2	7
7	5	8	2	9	6	3	1	4
9	3	1	5	8	4	6	7	2
4	6	2	7	3	1	9	8	5

Puzzle # 20

1	9	8	5	4	3	2	6	7
3	5	7	8	2	6	4	9	1
6	4	2	1	7	9	5	8	3
5	2	6	7	3	1	9	4	8
9	8	1	4	6	5	7	3	2
7	3	4	2	9	8	1	5	6
2	7	3	6	5	4	8	1	9
4	1	9	3	8	7	6	2	5
8	6	5	9	1	2	3	7	4

Puzzle # 21

6	1	2	7	3	8	9	5	4
7	3	4	5	9	1	2	6	8
5	9	8	2	6	4	1	3	7
1	6	7	3	8	2	4	9	5
9	2	5	1	4	6	8	7	3
8	4	3	9	7	5	6	1	2
3	7	1	4	2	9	5	8	6
2	8	9	6	5	7	3	4	1
4	5	6	8	1	3	7	2	9

Puzzle # 22

7	8	6	5	4	3	9	1	2
5	3	4	9	2	1	6	8	7
9	1	2	6	8	7	3	4	5
3	4	9	2	7	6	1	5	8
2	5	1	4	3	8	7	6	9
6	7	8	1	9	5	2	3	4
8	9	5	3	6	2	4	7	1
4	6	7	8	1	9	5	2	3
1	2	3	7	5	4	8	9	6

Puzzle # 23

8	2	6	1	9	7	5	4	3
3	7	1	5	2	4	6	8	9
5	4	9	8	6	3	1	7	2
1	8	3	2	4	9	7	5	6
9	6	4	7	5	8	3	2	1
7	5	2	3	1	6	4	9	8
6	9	8	4	3	5	2	1	7
4	1	7	6	8	2	9	3	5
2	3	5	9	7	1	8	6	4

Puzzle # 24

2	5	9	6	3	1	4	8	7
3	1	6	4	7	8	5	9	2
7	4	8	5	9	2	1	6	3
1	6	4	9	2	5	3	7	8
8	2	3	7	1	4	9	5	6
9	7	5	3	8	6	2	4	1
4	3	1	8	5	7	6	2	9
6	8	2	1	4	9	7	3	5
5	9	7	2	6	3	8	1	4

Puzzle # 25

7	2	9	1	5	4	6	8	3
4	3	6	7	8	2	5	1	9
1	8	5	6	9	3	4	7	2
9	7	2	5	3	6	8	4	1
8	1	4	9	2	7	3	6	5
5	6	3	8	4	1	2	9	7
2	5	7	4	6	9	1	3	8
6	9	8	3	1	5	7	2	4
3	4	1	2	7	8	9	5	6

Puzzle # 26

2	4	7	6	5	8	3	1	9
1	5	8	7	9	3	2	6	4
9	6	3	4	2	1	8	7	5
4	9	5	3	1	7	6	2	8
8	3	1	5	6	2	4	9	7
7	2	6	9	8	4	5	3	1
3	8	2	1	7	5	9	4	6
6	1	4	8	3	9	7	5	2
5	7	9	2	4	6	1	8	3

Puzzle # 27

6	7	1	4	3	5	8	2	9
4	8	2	7	9	1	6	5	3
3	5	9	6	2	8	7	4	1
8	9	5	2	1	6	3	7	4
1	3	6	8	4	7	2	9	5
7	2	4	9	5	3	1	8	6
9	1	3	5	7	2	4	6	8
5	6	7	3	8	4	9	1	2
2	4	8	1	6	9	5	3	7

Puzzle # 28

6	4	2	7	8	9	3	1	5
5	3	1	4	2	6	8	7	9
9	8	7	3	5	1	2	6	4
4	7	6	1	3	5	9	8	2
2	9	5	6	7	8	1	4	3
3	1	8	2	9	4	6	5	7
7	5	3	8	6	2	4	9	1
8	2	4	9	1	7	5	3	6
1	6	9	5	4	3	7	2	8

Puzzle # 29

9	1	5	3	4	8	7	2	6
4	6	7	2	1	5	8	3	9
3	8	2	6	7	9	1	5	4
2	4	8	7	9	1	3	6	5
1	7	3	5	2	6	4	9	8
5	9	6	8	3	4	2	7	1
8	3	4	9	6	7	5	1	2
6	2	1	4	5	3	9	8	7
7	5	9	1	8	2	6	4	3

Puzzle # 30

9	2	3	5	8	4	7	1	6
5	8	1	2	7	6	4	3	9
7	6	4	1	3	9	2	8	5
6	1	7	4	5	3	8	9	2
8	5	9	7	2	1	3	6	4
4	3	2	9	6	8	5	7	1
1	4	5	3	9	7	6	2	8
3	9	6	8	4	2	1	5	7
2	7	8	6	1	5	9	4	3

Puzzle # 31

1	4	6	2	5	8	3	7	9
7	3	8	1	6	9	2	5	4
2	9	5	7	4	3	1	6	8
6	8	2	4	7	5	9	1	3
3	5	9	8	2	1	6	4	7
4	1	7	9	3	6	5	8	2
5	7	1	3	8	2	4	9	6
9	2	4	6	1	7	8	3	5
8	6	3	5	9	4	7	2	1

Puzzle # 32

6	2	8	7	9	1	3	5	4
1	7	3	5	2	4	9	6	8
4	5	9	8	3	6	2	1	7
3	4	1	2	8	7	5	9	6
7	8	5	6	1	9	4	2	3
2	9	6	3	4	5	7	8	1
8	3	4	1	5	2	6	7	9
5	1	7	9	6	3	8	4	2
9	6	2	4	7	8	1	3	5

Puzzle # 33

3	1	4	6	9	2	5	8	7
5	6	8	1	4	7	9	2	3
9	7	2	3	5	8	4	6	1
8	2	7	4	1	6	3	5	9
6	4	5	2	3	9	7	1	8
1	9	3	7	8	5	6	4	2
2	3	6	5	7	1	8	9	4
4	8	1	9	6	3	2	7	5
7	5	9	8	2	4	1	3	6

Puzzle # 34

3	4	5	9	6	8	7	1	2
9	6	1	2	7	5	8	3	4
2	7	8	3	4	1	5	9	6
7	8	9	6	3	2	4	5	1
4	5	3	1	8	7	2	6	9
6	1	2	4	5	9	3	8	7
8	3	4	7	9	6	1	2	5
1	9	7	5	2	3	6	4	8
5	2	6	8	1	4	9	7	3

Puzzle # 35

2	8	5	4	9	7	3	6	1
6	3	7	2	8	1	9	4	5
1	4	9	6	5	3	8	2	7
4	9	6	5	1	2	7	3	8
5	2	1	7	3	8	4	9	6
3	7	8	9	6	4	5	1	2
7	6	4	3	2	5	1	8	9
9	1	3	8	7	6	2	5	4
8	5	2	1	4	9	6	7	3

Puzzle # 36

1	4	6	2	7	3	5	8	9
7	2	5	4	8	9	6	1	3
3	8	9	5	6	1	7	4	2
9	5	4	7	3	8	1	2	6
2	6	7	9	1	5	4	3	8
8	3	1	6	4	2	9	5	7
5	1	3	8	9	7	2	6	4
6	7	2	3	5	4	8	9	1
4	9	8	1	2	6	3	7	5

Puzzle # 37

7	2	4	3	9	5	8	6	1
5	8	9	1	6	4	2	3	7
6	1	3	2	8	7	5	9	4
8	7	1	4	2	3	6	5	9
3	5	2	6	7	9	1	4	8
4	9	6	5	1	8	7	2	3
1	6	8	9	3	2	4	7	5
9	4	7	8	5	6	3	1	2
2	3	5	7	4	1	9	8	6

Puzzle # 38

2	4	5	3	8	6	1	9	7
7	1	9	2	4	5	6	8	3
8	3	6	7	1	9	4	2	5
5	9	4	1	6	3	2	7	8
3	2	1	8	5	7	9	4	6
6	7	8	9	2	4	5	3	1
1	5	3	4	9	8	7	6	2
9	6	7	5	3	2	8	1	4
4	8	2	6	7	1	3	5	9

Puzzle # 39

5	3	9	7	4	2	1	8	6
2	6	8	5	3	1	7	9	4
7	4	1	6	8	9	3	5	2
1	8	7	3	2	4	5	6	9
3	2	6	9	1	5	4	7	8
4	9	5	8	7	6	2	1	3
9	7	3	4	5	8	6	2	1
8	5	2	1	6	3	9	4	7
6	1	4	2	9	7	8	3	5

Puzzle # 40

6	8	1	9	7	4	3	2	5
3	7	9	5	2	8	1	6	4
2	5	4	1	3	6	9	7	8
7	4	3	6	8	5	2	1	9
5	1	2	4	9	3	7	8	6
8	9	6	2	1	7	5	4	3
9	6	5	7	4	1	8	3	2
1	2	8	3	6	9	4	5	7
4	3	7	8	5	2	6	9	1

Puzzle # 37

7	2	4	3	9	5	8	6	1
5	8	9	1	6	4	2	3	7
6	1	3	2	8	7	5	9	4
8	7	1	4	2	3	6	5	9
3	5	2	6	7	9	1	4	8
4	9	6	5	1	8	7	2	3
1	6	8	9	3	2	4	7	5
9	4	7	8	5	6	3	1	2
2	3	5	7	4	1	9	8	6

Puzzle # 38

2	4	5	3	8	6	1	9	7
7	1	9	2	4	5	6	8	3
8	3	6	7	1	9	4	2	5
5	9	4	1	6	3	2	7	8
3	2	1	8	5	7	9	4	6
6	7	8	9	2	4	5	3	1
1	5	3	4	9	8	7	6	2
9	6	7	5	3	2	8	1	4
4	8	2	6	7	1	3	5	9

Puzzle # 39

5	3	9	7	4	2	1	8	6
2	6	8	5	3	1	7	9	4
7	4	1	6	8	9	3	5	2
1	8	7	3	2	4	5	6	9
3	2	6	9	1	5	4	7	8
4	9	5	8	7	6	2	1	3
9	7	3	4	5	8	6	2	1
8	5	2	1	6	3	9	4	7
6	1	4	2	9	7	8	3	5

Puzzle # 40

6	8	1	9	7	4	3	2	5
3	7	9	5	2	8	1	6	4
2	5	4	1	3	6	9	7	8
7	4	3	6	8	5	2	1	9
5	1	2	4	9	3	7	8	6
8	9	6	2	1	7	5	4	3
9	6	5	7	4	1	8	3	2
1	2	8	3	6	9	4	5	7
4	3	7	8	5	2	6	9	1

Puzzle # 41

2	7	1	9	5	4	3	6	8
5	9	4	6	8	3	2	7	1
6	8	3	1	7	2	4	5	9
1	2	5	7	3	6	9	8	4
8	3	9	2	4	5	6	1	7
4	6	7	8	9	1	5	3	2
3	4	8	5	1	9	7	2	6
7	5	2	4	6	8	1	9	3
9	1	6	3	2	7	8	4	5

Puzzle # 42

1	4	6	7	9	5	2	8	3
2	8	9	6	4	3	5	1	7
3	5	7	8	1	2	9	4	6
7	2	1	3	8	9	4	6	5
6	9	4	5	2	7	1	3	8
8	3	5	1	6	4	7	2	9
5	1	2	9	3	6	8	7	4
4	7	3	2	5	8	6	9	1
9	6	8	4	7	1	3	5	2

Puzzle # 43

2	5	8	9	1	4	6	3	7
7	6	4	3	8	5	1	9	2
1	3	9	7	6	2	5	8	4
3	2	5	8	4	7	9	1	6
8	9	7	6	2	1	3	4	5
4	1	6	5	3	9	7	2	8
6	4	3	1	5	8	2	7	9
9	8	1	2	7	6	4	5	3
5	7	2	4	9	3	8	6	1

Puzzle # 44

3	5	2	7	6	9	4	1	8
4	8	7	1	2	3	5	9	6
9	1	6	4	5	8	3	7	2
6	7	4	8	9	1	2	3	5
8	3	9	5	4	2	1	6	7
5	2	1	3	7	6	9	8	4
2	6	5	9	3	7	8	4	1
7	9	8	2	1	4	6	5	3
1	4	3	6	8	5	7	2	9

Puzzle # 45

9	8	3	1	2	4	6	7	5
2	4	6	5	7	9	8	1	3
1	7	5	6	8	3	4	9	2
8	5	1	2	3	6	7	4	9
6	3	9	4	5	7	2	8	1
4	2	7	9	1	8	5	3	6
3	9	4	8	6	2	1	5	7
7	1	2	3	4	5	9	6	8
5	6	8	7	9	1	3	2	4

Puzzle # 46

1	9	4	5	8	2	7	3	6
8	2	6	7	9	3	5	4	1
5	7	3	4	1	6	2	8	9
7	4	2	8	5	1	6	9	3
9	6	8	3	2	4	1	7	5
3	5	1	9	6	7	8	2	4
4	8	7	1	3	5	9	6	2
2	3	5	6	7	9	4	1	8
6	1	9	2	4	8	3	5	7

Puzzle # 47

7	1	8	6	5	4	2	9	3
6	9	2	8	1	3	5	7	4
4	3	5	9	7	2	8	1	6
9	7	6	1	4	8	3	5	2
5	4	3	2	6	7	9	8	1
2	8	1	3	9	5	4	6	7
3	5	9	7	2	1	6	4	8
8	6	7	4	3	9	1	2	5
1	2	4	5	8	6	7	3	9

Puzzle # 48

5	2	4	9	1	6	7	8	3
1	6	9	3	8	7	2	4	5
7	3	8	5	2	4	6	9	1
9	5	7	8	6	3	4	1	2
8	1	3	4	9	2	5	6	7
2	4	6	7	5	1	8	3	9
3	7	5	6	4	9	1	2	8
6	9	1	2	7	8	3	5	4
4	8	2	1	3	5	9	7	6

Puzzle # 49

6	9	4	5	2	7	3	1	8
3	1	5	6	4	8	9	2	7
8	7	2	3	1	9	5	6	4
5	3	1	4	8	6	2	7	9
4	6	9	2	7	1	8	5	3
7	2	8	9	3	5	6	4	1
2	8	6	7	9	4	1	3	5
1	5	7	8	6	3	4	9	2
9	4	3	1	5	2	7	8	6

Puzzle # 50

7	5	1	2	6	4	3	8	9
9	8	6	5	3	1	4	7	2
2	3	4	7	9	8	6	1	5
6	9	2	8	4	5	1	3	7
1	7	8	3	2	6	9	5	4
3	4	5	1	7	9	2	6	8
8	2	7	9	1	3	5	4	6
4	1	9	6	5	7	8	2	3
5	6	3	4	8	2	7	9	1

Puzzle # 51

3	4	1	9	7	8	5	6	2
8	6	9	5	2	3	4	1	7
5	2	7	1	4	6	8	9	3
6	9	8	7	5	2	1	3	4
1	5	4	6	3	9	7	2	8
2	7	3	8	1	4	6	5	9
7	1	2	4	9	5	3	8	6
4	3	6	2	8	1	9	7	5
9	8	5	3	6	7	2	4	1

Puzzle # 52

7	6	8	4	1	5	3	9	2
3	5	1	8	2	9	7	6	4
2	4	9	3	6	7	8	1	5
8	1	5	9	7	2	4	3	6
4	2	3	6	8	1	5	7	9
9	7	6	5	3	4	2	8	1
5	8	7	2	9	6	1	4	3
1	9	4	7	5	3	6	2	8
6	3	2	1	4	8	9	5	7

Puzzle # 53

7	2	9	4	3	6	1	8	5
3	5	4	7	1	8	6	9	2
6	1	8	9	2	5	4	7	3
9	8	7	1	5	4	2	3	6
2	4	6	3	8	7	5	1	9
5	3	1	6	9	2	8	4	7
8	6	3	2	4	9	7	5	1
1	7	5	8	6	3	9	2	4
4	9	2	5	7	1	3	6	8

Puzzle # 54

3	4	2	5	9	1	8	7	6
6	7	1	2	8	3	5	4	9
8	5	9	6	4	7	3	1	2
5	2	6	4	3	8	1	9	7
4	1	7	9	5	6	2	8	3
9	3	8	7	1	2	6	5	4
1	8	4	3	6	9	7	2	5
7	9	3	1	2	5	4	6	8
2	6	5	8	7	4	9	3	1

Puzzle # 55

1	9	5	4	3	7	2	8	6
4	2	8	9	1	6	3	7	5
3	6	7	2	8	5	9	4	1
5	7	2	8	4	9	6	1	3
9	1	4	5	6	3	8	2	7
8	3	6	7	2	1	5	9	4
6	4	9	3	7	2	1	5	8
7	5	1	6	9	8	4	3	2
2	8	3	1	5	4	7	6	9

Puzzle # 56

7	2	8	9	6	1	5	3	4
5	1	4	7	8	3	9	6	2
3	6	9	5	2	4	8	7	1
1	5	7	3	9	6	4	2	8
2	8	6	4	5	7	3	1	9
4	9	3	2	1	8	7	5	6
9	3	1	8	7	2	6	4	5
6	4	5	1	3	9	2	8	7
8	7	2	6	4	5	1	9	3

Puzzle # 57

1	5	4	3	6	9	8	7	2
7	9	8	2	4	1	3	5	6
2	3	6	5	8	7	9	1	4
4	7	3	1	9	8	6	2	5
6	2	1	7	5	3	4	8	9
5	8	9	4	2	6	1	3	7
3	6	7	9	1	5	2	4	8
8	1	2	6	7	4	5	9	3
9	4	5	8	3	2	7	6	1

Puzzle # 58

4	3	9	2	5	1	7	6	8
7	8	6	9	3	4	5	2	1
5	1	2	6	7	8	4	3	9
8	7	4	1	2	6	3	9	5
9	2	3	5	8	7	1	4	6
1	6	5	4	9	3	8	7	2
6	4	8	7	1	9	2	5	3
3	5	7	8	6	2	9	1	4
2	9	1	3	4	5	6	8	7

Puzzle # 59

2	5	9	7	4	8	1	3	6
3	8	4	6	5	1	2	9	7
6	1	7	9	3	2	4	8	5
8	9	5	2	1	6	3	7	4
7	4	2	3	8	9	5	6	1
1	3	6	5	7	4	8	2	9
5	6	1	8	9	3	7	4	2
9	7	8	4	2	5	6	1	3
4	2	3	1	6	7	9	5	8

Puzzle # 60

5	7	8	3	6	9	2	1	4
2	1	6	8	4	7	9	3	5
3	9	4	5	2	1	6	8	7
4	2	5	7	1	8	3	9	6
7	8	3	9	5	6	4	2	1
1	6	9	2	3	4	5	7	8
6	4	2	1	8	3	7	5	9
9	5	1	6	7	2	8	4	3
8	3	7	4	9	5	1	6	2

Puzzle # 61

1	5	6	2	9	8	3	7	4
7	4	9	1	3	5	6	8	2
3	8	2	7	6	4	9	5	1
6	9	4	8	1	7	2	3	5
5	2	1	6	4	3	8	9	7
8	7	3	5	2	9	1	4	6
2	3	7	9	5	1	4	6	8
4	6	8	3	7	2	5	1	9
9	1	5	4	8	6	7	2	3

Puzzle # 62

3	2	9	6	4	1	5	8	7
8	5	1	2	9	7	6	4	3
7	4	6	8	5	3	1	9	2
6	9	3	5	1	4	2	7	8
2	1	5	3	7	8	4	6	9
4	7	8	9	6	2	3	5	1
9	3	7	4	2	6	8	1	5
5	6	2	1	8	9	7	3	4
1	8	4	7	3	5	9	2	6

Puzzle # 63

3	9	2	4	8	6	7	5	1
7	1	4	2	5	9	6	3	8
6	8	5	7	3	1	2	9	4
4	3	1	8	9	2	5	6	7
8	7	6	5	1	3	4	2	9
5	2	9	6	4	7	1	8	3
2	4	7	3	6	8	9	1	5
9	6	8	1	7	5	3	4	2
1	5	3	9	2	4	8	7	6

Puzzle # 64

2	1	7	3	5	4	8	9	6
8	5	9	1	2	6	7	4	3
3	6	4	9	8	7	5	1	2
7	2	6	5	9	1	4	3	8
4	3	8	7	6	2	9	5	1
5	9	1	8	4	3	6	2	7
9	7	2	6	3	5	1	8	4
1	8	3	4	7	9	2	6	5
6	4	5	2	1	8	3	7	9

Puzzle # 65

8	1	6	9	3	2	5	7	4
9	7	3	8	5	4	1	6	2
2	5	4	6	1	7	9	8	3
1	3	9	5	4	6	8	2	7
5	4	8	7	2	3	6	9	1
6	2	7	1	9	8	3	4	5
3	8	5	4	7	9	2	1	6
7	6	2	3	8	1	4	5	9
4	9	1	2	6	5	7	3	8

Puzzle # 66

1	3	5	2	4	6	8	7	9
2	4	9	7	5	8	3	1	6
6	7	8	3	9	1	2	5	4
3	9	2	5	8	4	7	6	1
7	6	4	1	3	2	9	8	5
8	5	1	9	6	7	4	2	3
4	8	3	6	2	5	1	9	7
9	1	6	8	7	3	5	4	2
5	2	7	4	1	9	6	3	8

Puzzle # 67

4	9	1	8	7	3	2	6	5
2	6	7	4	5	9	3	1	8
8	3	5	2	6	1	7	4	9
3	1	4	9	2	7	8	5	6
6	5	2	3	1	8	4	9	7
7	8	9	6	4	5	1	2	3
5	7	6	1	3	2	9	8	4
[illegible]	4	8	7	9	6	5	3	2
[illegible]	2	3	5	8	4	6	7	1

Puzzle # 68

3	4	1	5	2	9	8	6	7
8	7	6	4	1	3	2	5	9
5	2	9	6	7	8	3	1	4
7	9	4	2	8	1	6	3	5
1	6	3	7	9	5	4	8	2
2	5	8	3	4	6	9	7	1
6	8	7	9	5	2	1	4	3
4	3	2	1	6	7	5	9	8
9	1	5	8	3	4	7	2	6

Puzzle # 69

1	8	6	3	7	5	2	4	9
2	7	4	8	9	6	1	5	3
9	5	3	1	2	4	7	8	6
8	2	9	6	1	3	5	7	4
4	6	1	7	5	9	8	3	2
5	3	7	2	4	8	6	9	1
7	4	2	5	3	1	9	6	8
3	1	8	9	6	7	4	2	5
6	9	5	4	8	2	3	1	7

Puzzle # 70

6	5	2	8	4	3	7	1	9
4	3	9	7	1	5	6	2	8
8	1	7	6	2	9	3	4	5
5	7	1	9	3	6	4	8	2
9	6	4	2	5	8	1	3	7
2	8	3	4	7	1	9	5	6
7	9	5	3	8	4	2	6	1
3	2	8	1	6	7	5	9	4
1	4	6	5	9	2	8	7	3

Puzzle # 71

4	8	9	7	6	3	5	1	2
7	1	6	2	4	5	9	8	3
5	2	3	8	9	1	4	7	6
1	3	7	4	8	2	6	5	9
8	6	4	3	5	9	7	2	1
2	9	5	1	7	6	8	3	4
6	4	1	5	3	7	2	9	8
3	7	8	9	2	4	1	6	5
9	5	2	6	1	8	3	4	7

Puzzle # 72

7	9	3	2	8	5	1	6	4
1	6	2	4	9	7	8	3	5
8	5	4	1	6	3	2	9	7
5	1	6	7	2	4	3	8	9
2	4	9	5	3	8	7	1	6
3	8	7	6	1	9	5	4	2
4	2	8	9	7	1	6	5	3
6	3	5	8	4	2	9	7	1
9	7	1	3	5	6	4	2	8

Puzzle # 73

5	8	3	1	2	7	9	6	4
6	1	9	8	3	4	7	5	2
4	7	2	9	6	5	1	8	3
2	5	6	3	9	8	4	1	7
1	3	8	7	4	6	5	2	9
7	9	4	5	1	2	8	3	6
3	6	5	4	7	1	2	9	8
8	2	7	6	5	9	3	4	1
9	4	1	2	8	3	6	7	5

Puzzle # 74

3	8	1	7	5	6	4	9	2
9	2	5	3	1	4	7	6	8
4	6	7	8	2	9	1	3	5
8	9	2	5	4	7	3	1	6
7	1	6	2	9	3	8	5	4
5	3	4	1	6	8	9	2	7
1	4	3	6	7	2	5	8	9
6	5	9	4	8	1	2	7	3
2	7	8	9	3	5	6	4	1

Puzzle # 75

6	8	1	7	5	2	9	4	3
2	9	7	6	4	3	5	1	8
3	5	4	8	9	1	7	6	2
4	7	6	1	8	9	3	2	5
9	2	5	3	6	4	8	7	1
1	3	8	5	2	7	4	9	6
7	4	3	2	1	5	6	8	9
8	1	9	4	3	6	2	5	7
5	6	2	9	7	8	1	3	4

Puzzle # 76

7	2	6	1	5	4	3	8	9
3	9	1	7	8	6	5	2	4
5	4	8	9	3	2	1	7	6
9	6	3	5	2	7	8	4	1
4	8	5	6	1	9	7	3	2
2	1	7	8	4	3	9	6	5
6	5	4	3	9	8	2	1	7
1	3	2	4	7	5	6	9	8
8	7	9	2	6	1	4	5	3

Puzzle # 77

2	7	4	8	5	3	6	1	9
3	6	9	2	1	4	8	7	5
8	1	5	7	9	6	2	4	3
1	2	3	9	7	8	5	6	4
5	4	8	6	3	1	7	9	2
7	9	6	4	2	5	1	3	8
9	5	2	3	6	7	4	8	1
6	8	1	5	4	9	3	2	7
4	3	7	1	8	2	9	5	6

Puzzle # 78

7	5	1	4	2	3	8	6	9
3	2	9	6	8	7	1	5	4
8	6	4	9	5	1	2	7	3
6	9	2	5	7	4	3	8	1
1	7	5	2	3	8	4	9	6
4	8	3	1	9	6	5	2	7
9	4	6	8	1	5	7	3	2
5	1	7	3	6	2	9	4	8
2	3	8	7	4	9	6	1	5

Puzzle # 85

4	2	7	3	6	1	5	8	9
6	3	8	9	5	7	2	4	1
1	9	5	4	2	8	3	6	7
9	1	3	2	4	6	8	7	5
2	5	6	7	8	3	9	1	4
8	7	4	1	9	5	6	3	2
3	8	9	5	1	4	7	2	6
7	4	2	6	3	9	1	5	8
5	6	1	8	7	2	4	9	3

Puzzle # 86

2	4	1	8	5	6	7	3	9
7	9	5	2	4	3	6	1	8
3	6	8	7	1	9	2	5	4
1	3	6	4	8	5	9	2	7
9	8	7	3	6	2	1	4	5
5	2	4	1	9	7	3	8	6
8	1	3	9	7	4	5	6	2
6	7	2	5	3	8	4	9	1
4	5	9	6	2	1	8	7	3

Puzzle # 79

5	8	2	1	7	4	6	3	9
3	7	9	5	8	6	2	4	1
4	1	6	9	2	3	7	8	5
7	4	8	2	6	1	5	9	3
2	9	5	3	4	7	8	1	6
6	3	1	8	5	9	4	2	7
1	5	4	6	3	2	9	7	8
9	6	7	4	1	8	3	5	2
8	2	3	7	9	5	1	6	4

Puzzle # 80

3	9	8	5	6	1	7	2	4
1	7	2	4	8	9	6	5	3
6	4	5	7	2	3	8	9	1
9	2	1	6	5	4	3	7	8
4	8	3	2	9	7	1	6	5
7	5	6	3	1	8	2	4	9
8	6	4	1	7	5	9	3	2
2	3	9	8	4	6	5	1	7
5	1	7	9	3	2	4	8	6

Puzzle # 87

3	7	2	6	1	9	8	5	4
9	6	5	3	4	8	2	7	1
4	1	8	7	5	2	6	9	3
8	2	3	4	7	1	5	6	9
1	5	4	8	9	6	3	2	7
7	9	6	5	2	3	4	1	8
6	8	1	9	3	5	7	4	2
2	3	7	1	6	4	9	8	5
5	4	9	2	8	7	1	3	6

Puzzle # 88

3	4	9	8	6	7	1	2	5
8	7	5	3	1	2	9	4	6
1	2	6	9	4	5	8	3	7
7	9	1	6	2	3	5	8	4
2	6	8	5	7	4	3	9	1
4	5	3	1	9	8	7	6	2
9	3	4	2	5	1	6	7	8
6	1	7	4	8	9	2	5	3
5	8	2	7	3	6	4	1	9

Puzzle # 81

6	2	8	9	5	4	1	3	7
7	3	4	1	2	8	6	9	5
1	5	9	7	3	6	2	4	8
3	1	7	2	8	5	9	6	4
5	8	6	3	4	9	7	2	1
4	9	2	6	1	7	8	5	3
9	4	3	8	7	2	5	1	6
8	6	1	5	9	3	4	7	2
2	7	5	4	6	1	3	8	9

Puzzle # 82

1	2	5	7	6	3	8	9	4
4	7	3	2	9	8	5	6	1
8	6	9	5	4	1	2	7	3
9	3	2	1	8	5	7	4	6
5	4	1	9	7	6	3	8	2
6	8	7	4	3	2	9	1	5
7	1	4	3	2	9	6	5	8
3	9	8	6	5	4	1	2	7
2	5	6	8	1	7	4	3	9

Puzzle # 89

8	9	7	1	2	3	6	5	4
5	6	3	8	4	9	1	2	7
1	4	2	5	6	7	3	9	8
6	3	4	7	9	5	8	1	2
2	1	8	6	3	4	5	7	9
7	5	9	2	8	1	4	6	3
9	8	5	4	7	6	2	3	1
3	2	1	9	5	8	7	4	6
4	7	6	3	1	2	9	8	5

Puzzle # 90

1	2	3	4	7	5	6	8	9
8	9	7	6	2	3	1	5	4
5	4	6	8	1	9	3	2	7
2	7	5	9	3	4	8	6	1
4	8	1	2	6	7	9	3	5
3	6	9	5	8	1	7	4	2
9	1	4	3	5	8	2	7	6
6	5	8	7	9	2	4	1	3
7	3	2	1	4	6	5	9	8

Puzzle # 83

3	1	6	7	8	9	5	4	2
7	9	5	4	2	1	8	3	6
8	4	2	5	6	3	1	7	9
1	2	3	9	5	8	4	6	7
5	6	7	2	1	4	9	8	3
9	8	4	6	3	7	2	1	5
4	7	1	3	9	2	6	5	8
6	3	9	8	4	5	7	2	1
2	5	8	1	7	6	3	9	4

Puzzle # 84

5	7	9	1	4	2	6	3	8
6	1	4	3	8	9	7	5	2
8	2	3	7	5	6	4	9	1
7	8	2	4	3	1	5	6	9
9	4	5	2	6	8	1	7	3
3	6	1	9	7	5	2	8	4
4	5	8	6	2	3	9	1	7
1	3	7	5	9	4	8	2	6
2	9	6	8	1	7	3	4	5

Puzzle # 91

2	5	6	4	9	8	1	7	3
7	3	1	6	2	5	4	8	9
9	4	8	7	3	1	6	5	2
6	1	9	3	4	7	8	2	5
3	2	5	9	8	6	7	1	4
4	8	7	5	1	2	3	9	6
5	7	2	1	6	4	9	3	8
8	6	3	2	7	9	5	4	1
1	9	4	8	5	3	2	6	7

Puzzle # 92

4	7	6	3	9	2	5	1	8
5	2	1	6	4	8	3	9	7
8	3	9	1	5	7	6	4	2
7	9	3	4	8	6	2	5	1
1	6	8	7	2	5	9	3	4
2	5	4	9	1	3	8	7	6
6	1	5	8	7	9	4	2	3
3	4	2	5	6	1	7	8	9
9	8	7	2	3	4	1	6	5

Puzzle # 93

9	3	7	1	4	8	5	2	6
5	4	6	2	9	7	8	3	1
1	2	8	6	5	3	4	9	7
3	5	2	9	6	1	7	4	8
8	7	1	5	3	4	2	6	9
4	6	9	8	7	2	3	1	5
2	8	5	3	1	6	9	7	4
7	1	3	4	8	9	6	5	2
6	9	4	7	2	5	1	8	3

Puzzle # 94

2	8	9	5	3	4	1	7	6
3	6	7	2	8	1	5	9	4
5	4	1	7	9	6	2	8	3
9	2	3	6	7	5	4	1	8
7	1	6	8	4	9	3	2	5
4	5	8	3	1	2	7	6	9
6	7	2	9	5	3	8	4	1
8	3	4	1	6	7	9	5	2
1	9	5	4	2	8	6	3	7

Puzzle # 95

9	1	4	5	7	2	6	8	3
3	8	2	4	1	6	7	9	5
6	7	5	3	8	9	4	2	1
2	9	7	1	4	5	8	3	6
8	5	3	9	6	7	2	1	4
4	6	1	2	3	8	5	7	9
5	4	9	7	2	3	1	6	8
1	2	6	8	9	4	3	5	7
7	3	8	6	5	1	9	4	2

Puzzle # 96

4	7	2	5	6	3	9	1	8
8	1	9	4	2	7	3	5	6
6	3	5	9	8	1	2	7	4
2	6	8	7	1	9	4	3	5
3	5	7	2	4	6	8	9	1
1	9	4	3	5	8	6	2	7
7	4	1	6	9	2	5	8	3
9	8	6	1	3	5	7	4	2
5	2	3	8	7	4	1	6	9

Puzzle # 97

9	2	3	7	4	6	1	5	8
8	5	7	9	1	2	6	3	4
6	1	4	3	8	5	7	2	9
2	4	6	1	3	9	8	7	5
5	9	8	2	6	7	4	1	3
7	3	1	8	5	4	9	6	2
4	7	5	6	2	8	3	9	1
1	6	2	4	9	3	5	8	7
3	8	9	5	7	1	2	4	6

Puzzle # 98

2	5	6	3	4	1	8	7	9
9	3	8	7	6	5	4	1	2
7	1	4	2	9	8	6	3	5
1	7	5	8	2	3	9	4	6
8	6	3	4	7	9	5	2	1
4	2	9	5	1	6	3	8	7
5	8	7	6	3	2	1	9	4
6	4	1	9	8	7	2	5	3
3	9	2	1	5	4	7	6	8

Puzzle # 99

4	5	1	6	2	9	3	8	7
7	9	8	1	3	5	4	6	2
6	3	2	8	7	4	9	1	5
9	1	7	3	8	6	2	5	4
5	4	3	2	9	1	8	7	6
8	2	6	5	4	7	1	3	9
1	6	4	9	5	3	7	2	8
2	7	5	4	1	8	6	9	3
3	8	9	7	6	2	5	4	1

Puzzle # 100

6	5	8	2	9	4	3	7	1
3	2	7	8	5	1	6	4	9
1	4	9	6	7	3	5	8	2
9	8	6	1	2	7	4	3	5
2	3	5	4	8	6	1	9	7
4	7	1	5	3	9	2	6	8
7	9	4	3	1	5	8	2	6
8	1	3	9	6	2	7	5	4
5	6	2	7	4	8	9	1	3

Puzzle # 101

3	4	5	8	2	9	7	1	6
6	8	7	1	4	3	5	9	2
2	9	1	6	7	5	8	3	4
1	3	6	2	9	8	4	5	7
4	5	9	7	3	6	2	8	1
7	2	8	4	5	1	3	6	9
5	1	2	9	8	7	6	4	3
8	6	4	3	1	2	9	7	5
9	7	3	5	6	4	1	2	8

Puzzle # 102

2	6	7	1	5	3	8	9	4
9	3	5	8	7	4	1	6	2
4	8	1	9	2	6	3	7	5
6	4	2	7	8	5	9	1	3
7	1	3	6	9	2	5	4	8
8	5	9	4	3	1	7	2	6
1	9	6	5	4	8	2	3	7
3	7	8	2	6	9	4	5	1
5	2	4	3	1	7	6	8	9

Puzzle # 103

4	3	2	9	1	5	8	7	6
5	6	7	4	8	2	3	1	9
1	8	9	6	7	3	5	2	4
8	5	3	7	9	4	2	6	1
9	4	6	1	2	8	7	5	3
7	2	1	5	3	6	9	4	8
2	1	5	8	6	9	4	3	7
6	9	4	3	5	7	1	8	2
3	7	8	2	4	1	6	9	5

Puzzle # 104

6	4	2	3	5	7	9	1	8
7	8	9	2	1	6	4	5	3
5	3	1	9	4	8	2	7	6
1	7	8	5	2	9	6	3	4
3	2	6	8	7	4	1	9	5
4	9	5	6	3	1	7	8	2
8	1	3	4	9	2	5	6	7
9	5	4	7	6	3	8	2	1
2	6	7	1	8	5	3	4	9

Puzzle # 105

1	9	3	4	8	2	5	6	7
2	6	5	7	1	3	4	9	8
8	7	4	9	5	6	3	2	1
4	8	2	3	7	1	9	5	6
7	5	9	6	2	4	8	1	3
3	1	6	5	9	8	2	7	4
5	3	7	1	4	9	6	8	2
6	2	1	8	3	5	7	4	9
9	4	8	2	6	7	1	3	5

Puzzle # 106

9	3	8	5	6	7	4	2	1
1	2	6	9	8	4	5	3	7
5	7	4	3	2	1	8	9	6
3	8	9	2	7	5	6	1	4
4	6	5	1	3	8	9	7	2
2	1	7	4	9	6	3	5	8
7	4	2	8	5	9	1	6	3
8	5	3	6	1	2	7	4	9
6	9	1	7	4	3	2	8	5

Puzzle # 107

9	4	3	5	2	6	1	8	7
8	2	1	4	9	7	5	3	6
7	5	6	1	8	3	4	9	2
5	3	8	2	4	9	6	7	1
2	1	7	8	6	5	3	4	9
4	6	9	3	7	1	8	2	5
3	9	4	6	1	2	7	5	8
6	8	2	7	5	4	9	1	3
1	7	5	9	3	8	2	6	4

Puzzle # 108

2	5	3	1	9	8	4	7	6
1	8	6	4	7	5	9	3	2
4	7	9	6	2	3	1	8	5
3	4	8	2	5	9	7	6	1
7	9	1	3	8	6	2	5	4
5	6	2	7	4	1	8	9	3
9	3	7	5	1	4	6	2	8
8	1	5	9	6	2	3	4	7
6	2	4	8	3	7	5	1	9

Puzzle # 109

1	4	3	9	8	2	6	5	7
8	6	5	7	3	1	4	2	9
7	9	2	5	6	4	3	1	8
4	5	7	1	9	3	2	8	6
3	1	8	2	4	6	7	9	5
6	2	9	8	7	5	1	4	3
5	7	4	6	2	9	8	3	1
9	3	6	4	1	8	5	7	2
2	8	1	3	5	7	9	6	4

Puzzle # 110

5	9	1	7	4	3	6	8	2
3	8	6	1	5	2	9	4	7
7	4	2	6	9	8	1	3	5
8	5	9	2	3	1	4	7	6
6	2	4	9	7	5	3	1	8
1	7	3	4	8	6	5	2	9
9	6	8	3	2	4	7	5	1
2	3	7	5	1	9	8	6	4
4	1	5	8	6	7	2	9	3

Puzzle # 111

6	1	5	9	7	4	8	3	2
7	8	2	6	1	3	5	9	4
4	3	9	8	2	5	1	6	7
3	7	1	4	6	2	9	8	5
5	4	6	1	8	9	2	7	3
2	9	8	3	5	7	6	4	1
8	5	7	2	3	6	4	1	9
1	2	4	7	9	8	3	5	6
9	6	3	5	4	1	7	2	8

Puzzle # 112

2	8	9	5	1	3	4	6	7
7	3	6	2	4	8	5	9	1
4	1	5	7	9	6	8	2	3
5	9	7	3	8	4	2	1	6
1	2	4	6	7	5	3	8	9
3	6	8	1	2	9	7	4	5
6	4	3	8	5	1	9	7	2
9	7	1	4	3	2	6	5	8
8	5	2	9	6	7	1	3	4

Puzzle # 113

8	6	4	7	9	3	2	5	1
2	7	9	5	8	1	6	3	4
3	1	5	4	2	6	9	8	7
7	4	3	1	5	9	8	2	6
1	5	8	2	6	4	3	7	9
6	9	2	3	7	8	4	1	5
4	3	6	8	1	5	7	9	2
5	8	7	9	4	2	1	6	3
9	2	1	6	3	7	5	4	8

Puzzle # 114

3	5	4	8	2	1	7	6	9
1	6	2	5	9	7	3	4	8
7	9	8	6	4	3	1	2	5
8	4	7	2	6	9	5	3	1
2	1	5	4	3	8	9	7	6
9	3	6	1	7	5	2	8	4
4	2	3	9	5	6	8	1	7
6	8	9	7	1	2	4	5	3
5	7	1	3	8	4	6	9	2

Puzzle # 115

1	8	6	4	3	5	7	9	2
7	2	4	9	8	6	3	5	1
5	9	3	2	7	1	6	4	8
4	7	8	3	1	2	5	6	9
3	1	9	6	5	4	2	8	7
2	6	5	7	9	8	4	1	3
9	4	1	5	2	7	8	3	6
8	5	2	1	6	3	9	7	4
6	3	7	8	4	9	1	2	5

Puzzle # 116

6	9	7	5	4	1	2	3	8
1	8	2	7	9	3	5	4	6
3	4	5	8	6	2	9	1	7
8	6	1	3	2	9	4	7	5
2	3	4	1	7	5	6	8	9
7	5	9	4	8	6	1	2	3
4	2	6	9	3	7	8	5	1
5	7	8	6	1	4	3	9	2
9	1	3	2	5	8	7	6	4

Puzzle # 117

2	8	4	5	7	1	3	6	9
9	3	5	8	2	6	4	7	1
7	1	6	9	3	4	5	8	2
6	9	8	2	4	3	7	1	5
3	5	1	7	6	8	9	2	4
4	2	7	1	5	9	6	3	8
5	6	3	4	1	2	8	9	7
8	4	2	6	9	7	1	5	3
1	7	9	3	8	5	2	4	6

Puzzle # 118

9	3	4	6	5	8	1	7	2
8	1	5	2	4	7	9	3	6
6	7	2	3	1	9	4	8	5
5	4	3	7	2	1	8	6	9
7	6	1	9	8	3	2	5	4
2	8	9	4	6	5	3	1	7
1	2	7	8	9	6	5	4	3
4	5	6	1	3	2	7	9	8
3	9	8	5	7	4	6	2	1

Puzzle # 119

9	7	5	3	6	4	8	1	2
1	6	8	5	2	7	4	9	3
4	2	3	9	1	8	5	7	6
2	9	4	1	3	5	6	8	7
6	8	7	2	4	9	3	5	1
3	5	1	7	8	6	9	2	4
8	1	2	6	5	3	7	4	9
5	3	9	4	7	1	2	6	8
7	4	6	8	9	2	1	3	5

Puzzle # 120

6	2	7	8	5	4	9	1	3
3	1	5	9	7	2	8	4	6
8	4	9	3	1	6	5	2	7
9	7	8	4	2	5	3	6	1
4	6	2	1	3	8	7	9	5
1	5	3	6	9	7	2	8	4
2	3	1	7	4	9	6	5	8
5	8	4	2	6	3	1	7	9
7	9	6	5	8	1	4	3	2

Puzzle # 121

2	5	1	8	7	6	4	3	9
3	8	9	5	4	2	6	7	1
4	6	7	9	3	1	2	5	8
8	1	5	7	6	4	3	9	2
7	2	6	1	9	3	8	4	5
9	3	4	2	5	8	1	6	7
1	7	3	6	8	5	9	2	4
5	4	2	3	1	9	7	8	6
6	9	8	4	2	7	5	1	3

Puzzle # 122

4	6	1	7	8	3	2	9	5
2	9	3	5	6	1	7	8	4
8	7	5	9	4	2	3	6	1
6	4	9	1	7	5	8	2	3
3	5	2	6	9	8	4	1	7
1	8	7	2	3	4	9	5	6
9	2	6	4	1	7	5	3	8
7	1	8	3	5	9	6	4	2
5	3	4	8	2	6	1	7	9

Puzzle # 123

1	7	2	9	6	4	5	3	8
5	6	3	7	2	8	1	9	4
9	8	4	5	3	1	6	2	7
7	2	8	4	1	6	3	5	9
3	9	1	8	5	7	2	4	6
4	5	6	2	9	3	8	7	1
6	1	7	3	4	5	9	8	2
2	4	5	6	8	9	7	1	3
8	3	9	1	7	2	4	6	5

Puzzle # 124

9	6	1	3	4	8	5	7	2
2	4	5	9	6	7	1	3	8
8	7	3	1	2	5	4	9	6
6	2	7	8	1	4	3	5	9
3	9	4	5	7	6	2	8	1
5	1	8	2	3	9	6	4	7
7	3	9	6	5	2	8	1	4
4	5	6	7	8	1	9	2	3
1	8	2	4	9	3	7	6	5

Puzzle # 125

9	7	4	5	1	3	2	6	8
3	5	8	6	2	7	9	4	1
6	2	1	8	9	4	7	5	3
2	6	3	4	5	9	8	1	7
8	1	7	3	6	2	5	9	4
4	9	5	7	8	1	6	3	2
5	4	2	1	7	6	3	8	9
7	3	6	9	4	8	1	2	5
1	8	9	2	3	5	4	7	6

Puzzle # 126

5	8	7	6	2	1	4	9	3
6	2	1	4	9	3	5	7	8
9	4	3	8	5	7	6	1	2
2	9	5	3	8	4	1	6	7
8	3	6	1	7	5	9	2	4
7	1	4	9	6	2	3	8	5
4	7	9	2	3	6	8	5	1
3	6	2	5	1	8	7	4	9
1	5	8	7	4	9	2	3	6

Puzzle # 127

9	7	2	3	4	5	1	8	6
6	3	4	1	8	7	2	9	5
1	5	8	6	2	9	4	7	3
4	2	5	7	6	1	8	3	9
8	9	6	2	5	3	7	4	1
7	1	3	4	9	8	6	5	2
2	8	1	5	3	4	9	6	7
3	4	7	9	1	6	5	2	8
5	6	9	8	7	2	3	1	4

Puzzle # 128

2	1	5	9	3	8	6	7	4
3	9	4	7	6	5	8	2	1
8	7	6	2	1	4	3	5	9
9	3	7	1	4	2	5	8	6
4	8	2	5	9	6	7	1	3
6	5	1	8	7	3	9	4	2
7	6	8	3	2	1	4	9	5
1	4	9	6	5	7	2	3	8
5	2	3	4	8	9	1	6	7

Puzzle # 129

5	1	8	4	2	3	6	9	7
4	3	9	1	6	7	2	5	8
2	7	6	5	8	9	4	3	1
9	5	4	2	3	1	8	7	6
3	6	7	8	9	4	5	1	2
1	8	2	7	5	6	3	4	9
6	2	1	9	4	5	7	8	3
7	4	3	6	1	8	9	2	5
8	9	5	3	7	2	1	6	4

Puzzle # 130

8	1	3	7	4	2	6	5	9
6	5	9	1	8	3	7	4	2
7	4	2	5	6	9	8	3	1
4	7	8	6	5	1	2	9	3
2	3	5	9	7	4	1	8	6
1	9	6	3	2	8	4	7	5
9	2	4	8	1	5	3	6	7
3	8	7	2	9	6	5	1	4
5	6	1	4	3	7	9	2	8

Puzzle # 131

2	5	1	3	9	4	7	6	8
4	9	6	7	5	8	3	2	1
8	3	7	6	2	1	4	9	5
5	1	9	4	8	7	2	3	6
6	2	4	1	3	5	8	7	9
7	8	3	2	6	9	1	5	4
[illegible]	7	2	5	4	6	9	8	3
3	6	8	9	1	2	5	4	7
[illegible]	4	5	8	7	3	6	1	2

Puzzle # 132

1	3	2	5	7	8	9	6	4
7	8	4	1	6	9	5	3	2
6	5	9	3	2	4	7	1	8
2	7	3	9	4	6	8	5	1
5	6	1	8	3	2	4	9	7
4	9	8	7	5	1	6	2	3
3	4	6	2	9	7	1	8	5
8	2	7	6	1	5	3	4	9
9	1	5	4	8	3	2	7	6

Puzzle # 133

1	4	8	3	6	2	5	9	7
6	9	7	1	8	5	3	2	4
5	2	3	9	4	7	8	6	1
9	6	2	5	1	4	7	8	3
8	3	4	2	7	9	1	5	6
7	5	1	8	3	6	9	4	2
4	1	6	7	9	8	2	3	5
2	7	9	4	5	3	6	1	8
3	8	5	6	2	1	4	7	9

Puzzle # 134

2	3	1	5	9	6	8	4	7
8	6	5	7	2	4	3	1	9
7	9	4	3	1	8	6	2	5
4	2	3	1	8	5	7	9	6
1	5	9	6	7	2	4	8	3
6	7	8	4	3	9	2	5	1
3	1	2	9	4	7	5	6	8
9	4	6	8	5	3	1	7	2
5	8	7	2	6	1	9	3	4

Puzzle # 135

2	8	9	7	5	3	4	1	6
4	7	3	6	1	9	5	2	8
6	1	5	8	2	4	3	9	7
9	4	2	5	8	6	7	3	1
7	6	1	4	3	2	9	8	5
5	3	8	1	9	7	2	6	4
8	2	4	3	7	1	6	5	9
3	5	6	9	4	8	1	7	2
1	9	7	2	6	5	8	4	3

Puzzle # 136

2	5	1	4	7	8	9	6	3
4	7	8	3	6	9	5	2	1
6	3	9	1	2	5	7	8	4
8	4	5	6	1	7	3	9	2
3	1	2	8	9	4	6	5	7
9	6	7	2	5	3	1	4	8
5	8	6	7	4	1	2	3	9
7	9	3	5	8	2	4	1	6
1	2	4	9	3	6	8	7	5

Puzzle # 137

5	6	2	1	9	7	4	3	8
8	3	4	2	6	5	1	9	7
7	9	1	8	3	4	2	6	5
4	7	8	9	1	6	5	2	3
6	2	9	3	5	8	7	1	4
3	1	5	4	7	2	9	8	6
9	5	3	7	8	1	6	4	2
1	4	7	6	2	3	8	5	9
2	8	6	5	4	9	3	7	1

Puzzle # 138

9	4	8	3	1	6	5	2	7
1	3	5	7	9	2	4	6	8
2	6	7	5	4	8	3	1	9
4	8	1	9	3	5	6	7	2
5	2	3	1	6	7	8	9	4
7	9	6	8	2	4	1	5	3
6	5	4	2	8	9	7	3	1
3	7	2	4	5	1	9	8	6
8	1	9	6	7	3	2	4	5

Puzzle # 139

6	1	8	7	4	3	9	5	2
3	9	2	5	6	8	7	4	1
4	5	7	1	9	2	8	6	3
8	7	1	4	2	5	3	9	6
9	6	3	8	1	7	4	2	5
5	2	4	6	3	9	1	8	7
2	8	5	3	7	4	6	1	9
7	4	6	9	5	1	2	3	8
1	3	9	2	8	6	5	7	4

Puzzle # 140

8	5	3	2	6	9	4	1	7
4	6	1	7	8	5	9	3	2
9	7	2	4	3	1	5	8	6
2	1	6	9	5	7	3	4	8
7	9	8	6	4	3	2	5	1
3	4	5	8	1	2	6	7	9
5	2	9	3	7	8	1	6	4
6	3	7	1	2	4	8	9	5
1	8	4	5	9	6	7	2	3

Puzzle # 141

7	1	3	6	8	2	9	5	4
5	6	2	4	9	1	3	8	7
9	4	8	5	7	3	2	1	6
1	8	4	3	2	7	5	6	9
3	5	6	9	1	4	8	7	2
2	7	9	8	6	5	1	4	3
4	9	7	1	3	8	6	2	5
6	2	1	7	5	9	4	3	8
8	3	5	2	4	6	7	9	1

Puzzle # 142

7	3	2	6	5	4	1	9	8
8	5	6	1	9	2	4	7	3
1	4	9	3	7	8	2	5	6
3	1	8	4	2	9	7	6	5
9	2	5	8	6	7	3	4	1
4	6	7	5	1	3	8	2	9
2	7	3	9	8	5	6	1	4
6	9	4	7	3	1	5	8	2
5	8	1	2	4	6	9	3	7

Puzzle # 143

4	5	2	9	8	6	7	1	3
7	3	6	1	5	4	8	9	2
9	1	8	2	3	7	4	6	5
5	8	9	3	2	1	6	4	7
2	6	4	5	7	8	9	3	1
1	7	3	6	4	9	2	5	8
8	4	5	7	6	3	1	2	9
3	9	7	4	1	2	5	8	6
6	2	1	8	9	5	3	7	4

Puzzle # 144

1	5	6	7	2	4	9	3	8
7	8	3	9	1	5	6	2	4
9	4	2	3	6	8	1	5	7
5	7	1	2	8	3	4	6	9
2	6	4	5	9	1	7	8	3
3	9	8	4	7	6	5	1	2
6	3	7	1	4	2	8	9	5
4	1	5	8	3	9	2	7	6
8	2	9	6	5	7	3	4	1

Puzzle # 145

9	6	1	8	5	3	7	2	4
3	4	8	9	2	7	5	1	6
2	5	7	1	6	4	8	3	9
5	2	9	4	7	8	3	6	1
8	3	6	5	9	1	4	7	2
7	1	4	2	3	6	9	5	8
6	8	2	7	4	5	1	9	3
1	9	5	3	8	2	6	4	7
4	7	3	6	1	9	2	8	5

Puzzle # 146

8	3	4	6	5	2	1	9	7
7	5	2	1	3	9	8	4	6
1	9	6	7	4	8	2	5	3
2	4	5	3	9	7	6	8	1
9	1	7	4	8	6	3	2	5
6	8	3	2	1	5	9	7	4
5	7	8	9	6	3	4	1	2
4	6	9	5	2	1	7	3	8
3	2	1	8	7	4	5	6	9

Puzzle # 147

4	6	7	2	9	3	8	5	1
8	3	5	1	6	4	2	9	7
1	9	2	8	5	7	6	3	4
3	4	9	7	1	8	5	6	2
7	5	1	6	3	2	4	8	9
6	2	8	5	4	9	7	1	3
9	8	4	3	7	5	1	2	6
2	7	6	9	8	1	3	4	5
5	1	3	4	2	6	9	7	8

Puzzle # 148

3	7	4	6	8	1	9	5	2
5	8	1	9	2	3	7	4	6
9	2	6	7	5	4	3	1	8
2	4	7	5	1	9	8	6	3
8	5	3	2	6	7	4	9	1
1	6	9	4	3	8	2	7	5
6	9	2	8	7	5	1	3	4
7	1	5	3	4	2	6	8	9
4	3	8	1	9	6	5	2	7

Puzzle # 149

7	5	8	2	1	9	6	4	3
1	3	9	4	8	6	5	7	2
4	6	2	7	5	3	8	1	9
3	8	6	1	9	2	7	5	4
9	1	4	8	7	5	2	3	6
2	7	5	6	3	4	9	8	1
8	2	1	3	6	7	4	9	5
6	9	3	5	4	8	1	2	7
5	4	7	9	2	1	3	6	8

Puzzle # 150

3	4	2	1	5	8	7	6	9
8	7	1	9	6	3	4	5	2
5	6	9	7	2	4	3	8	1
4	3	8	5	1	2	9	7	6
2	1	7	6	8	9	5	4	3
6	9	5	4	3	7	1	2	8
1	2	6	3	7	5	8	9	4
7	8	4	2	9	1	6	3	5
9	5	3	8	4	6	2	1	7

Puzzle # 151

5	1	9	4	7	3	6	2	8
6	7	8	2	1	5	9	4	3
2	4	3	6	9	8	5	7	1
4	6	2	1	8	9	7	3	5
7	9	5	3	4	6	8	1	2
3	8	1	7	5	2	4	6	9
1	5	6	9	3	4	2	8	7
8	3	4	5	2	7	1	9	6
9	2	7	8	6	1	3	5	4

Puzzle # 152

3	2	7	9	4	8	5	6	1
9	1	4	2	6	5	3	7	8
6	5	8	3	1	7	4	9	2
2	3	9	7	8	6	1	5	4
8	4	1	5	3	9	7	2	6
5	7	6	1	2	4	8	3	9
7	8	2	6	5	1	9	4	3
1	6	5	4	9	3	2	8	7
4	9	3	8	7	2	6	1	5

Puzzle # 153

4	3	9	7	5	1	2	8	6
7	6	5	2	9	8	1	4	3
8	2	1	6	3	4	5	7	9
3	5	8	4	2	6	9	1	7
1	9	6	5	8	7	3	2	4
2	4	7	3	1	9	8	6	5
5	7	2	8	4	3	6	9	1
6	1	3	9	7	2	4	5	8
9	8	4	1	6	5	7	3	2

Puzzle # 154

2	1	9	4	3	6	8	5	7
8	7	4	1	5	2	9	3	6
6	3	5	8	7	9	4	1	2
4	2	1	9	6	8	5	7	3
3	9	7	5	2	4	6	8	1
5	6	8	3	1	7	2	4	9
9	5	6	7	4	3	1	2	8
7	4	2	6	8	1	3	9	5
1	8	3	2	9	5	7	6	4

Puzzle # 155

4	9	2	1	8	5	7	6	3
5	3	8	6	2	7	1	9	4
6	7	1	9	4	3	8	5	2
8	1	4	3	7	6	9	2	5
7	6	9	5	1	2	4	3	8
2	5	3	8	9	4	6	1	7
9	4	6	2	3	8	5	7	1
1	2	7	4	5	9	3	8	6
3	8	5	7	6	1	2	4	9

Puzzle # 156

4	2	6	5	3	1	8	7	9
3	5	1	8	9	7	4	6	2
7	8	9	2	4	6	5	3	1
9	7	5	1	6	8	3	2	4
6	3	2	9	5	4	1	8	7
1	4	8	3	7	2	9	5	6
5	9	7	6	1	3	2	4	8
2	6	3	4	8	9	7	1	5
8	1	4	7	2	5	6	9	3

Puzzle # 157

7	4	6	8	9	3	2	5	1
8	2	9	1	4	5	6	7	3
1	3	5	6	7	2	9	8	4
9	1	4	2	6	8	5	3	7
5	7	2	9	3	4	1	6	8
3	6	8	7	5	1	4	9	2
6	5	1	3	2	7	8	4	9
4	8	7	5	1	9	3	2	6
2	9	3	4	8	6	7	1	5

Puzzle # 158

7	8	1	5	4	9	6	2	3
3	6	5	8	1	2	4	7	9
9	2	4	7	6	3	5	1	8
2	7	9	4	5	8	1	3	6
4	1	8	6	3	7	2	9	5
5	3	6	9	2	1	7	8	4
6	9	2	1	8	4	3	5	7
8	4	3	2	7	5	9	6	1
1	5	7	3	9	6	8	4	2

Puzzle # 159

3	2	4	8	1	9	7	6	5
6	8	7	2	4	5	1	9	3
5	9	1	7	6	3	8	2	4
4	3	2	9	5	1	6	7	8
9	6	5	4	7	8	2	3	1
7	1	8	6	3	2	4	5	9
1	4	9	3	2	7	5	8	6
8	7	6	5	9	4	3	1	2
2	5	3	1	8	6	9	4	7

Puzzle # 160

4	7	8	9	5	6	3	2	1
9	5	3	2	1	8	4	6	7
6	2	1	7	3	4	9	5	8
2	8	6	5	9	7	1	3	4
1	3	4	8	6	2	5	7	9
7	9	5	3	4	1	2	8	6
8	1	2	4	7	5	6	9	3
5	4	9	6	8	3	7	1	2
3	6	7	1	2	9	8	4	5

Puzzle # 161

5	4	6	1	7	3	9	2	8
1	7	8	9	4	2	6	5	3
3	2	9	5	8	6	1	4	7
9	8	7	3	2	4	5	1	6
6	5	2	8	9	1	3	7	4
4	3	1	6	5	7	8	9	2
7	9	3	4	1	8	2	6	5
2	6	5	7	3	9	4	8	1
8	1	4	2	6	5	7	3	9

Puzzle # 162

6	8	3	1	7	5	9	2	4
9	4	1	2	8	6	5	3	7
2	7	5	3	9	4	8	6	1
1	9	8	6	2	7	4	5	3
3	5	2	4	1	9	6	7	8
4	6	7	8	5	3	2	1	9
5	1	9	7	4	2	3	8	6
7	2	6	9	3	8	1	4	5
8	3	4	5	6	1	7	9	2

Puzzle # 163

2	1	9	7	5	8	6	4	3
6	3	7	9	4	1	8	2	5
5	4	8	6	2	3	1	7	9
8	9	3	1	7	5	2	6	4
1	2	6	3	9	4	7	5	8
7	5	4	2	8	6	9	3	1
3	8	1	5	6	2	4	9	7
4	7	2	8	3	9	5	1	6
9	6	5	4	1	7	3	8	2

Puzzle # 164

3	9	4	7	2	6	5	1	8
6	8	7	9	1	5	3	4	2
1	5	2	3	8	4	9	6	7
9	7	3	6	5	8	4	2	1
8	4	5	2	3	1	7	9	6
2	6	1	4	7	9	8	3	5
4	1	8	5	9	2	6	7	3
5	3	9	1	6	7	2	8	4
7	2	6	8	4	3	1	5	9

Puzzle # 161

5	4	6	1	7	3	9	2	8
1	7	8	9	4	2	6	5	3
3	2	9	5	8	6	1	4	7
9	8	7	3	2	4	5	1	6
6	5	2	8	9	1	3	7	4
4	3	1	6	5	7	8	9	2
7	9	3	4	1	8	2	6	5
2	6	5	7	3	9	4	8	1
8	1	4	2	6	5	7	3	9

Puzzle # 162

6	8	3	1	7	5	9	2	4
9	4	1	2	8	6	5	3	7
2	7	5	3	9	4	8	6	1
1	9	8	6	2	7	4	5	3
3	5	2	4	1	9	6	7	8
4	6	7	8	5	3	2	1	9
5	1	9	7	4	2	3	8	6
7	2	6	9	3	8	1	4	5
8	3	4	5	6	1	7	9	2

Puzzle # 163

2	1	9	7	5	8	6	4	3
6	3	7	9	4	1	8	2	5
5	4	8	6	2	3	1	7	9
8	9	3	1	7	5	2	6	4
1	2	6	3	9	4	7	5	8
7	5	4	2	8	6	9	3	1
3	8	1	5	6	2	4	9	7
4	7	2	8	3	9	5	1	6
9	6	5	4	1	7	3	8	2

Puzzle # 164

3	9	4	7	2	6	5	1	8
6	8	7	9	1	5	3	4	2
1	5	2	3	8	4	9	6	7
9	7	3	6	5	8	4	2	1
8	4	5	2	3	1	7	9	6
2	6	1	4	7	9	8	3	5
4	1	8	5	9	2	6	7	3
5	3	9	1	6	7	2	8	4
7	2	6	8	4	3	1	5	9

Puzzle # 165

2	8	6	3	4	5	9	1	7
5	1	7	6	9	2	8	3	4
9	3	4	8	7	1	6	5	2
6	9	2	7	1	8	3	4	5
7	4	1	9	5	3	2	8	6
8	5	3	2	6	4	1	7	9
1	7	9	5	8	6	4	2	3
4	2	5	1	3	9	7	6	8
3	6	8	4	2	7	5	9	1

Puzzle # 166

1	8	3	2	5	9	6	4	7
6	7	2	1	4	8	9	3	5
5	4	9	7	3	6	8	1	2
8	6	7	9	2	4	1	5	3
3	2	1	6	7	5	4	9	8
9	5	4	3	8	1	7	2	6
7	1	6	5	9	3	2	8	4
2	3	8	4	1	7	5	6	9
4	9	5	8	6	2	3	7	1

Puzzle # 167

7	6	2	4	3	1	5	8	9
5	4	9	2	8	7	6	1	3
8	1	3	9	5	6	4	7	2
1	7	5	8	9	3	2	4	6
2	9	6	7	4	5	8	3	1
4	3	8	1	6	2	7	9	5
6	8	4	5	1	9	3	2	7
9	5	7	3	2	8	1	6	4
3	2	1	6	7	4	9	5	8

Puzzle # 168

2	3	5	8	6	1	4	9	7
7	8	9	4	3	2	5	6	1
4	1	6	9	7	5	8	3	2
9	2	1	6	4	8	7	5	3
6	5	3	1	9	7	2	8	4
8	7	4	2	5	3	6	1	9
1	9	8	5	2	4	3	7	6
5	4	7	3	1	6	9	2	8
3	6	2	7	8	9	1	4	5

Puzzle # 169

6	8	1	5	9	7	2	3	4
2	4	5	8	3	1	9	7	6
3	9	7	2	6	4	5	1	8
9	5	2	7	8	6	1	4	3
4	1	6	9	5	3	7	8	2
7	3	8	1	4	2	6	5	9
1	7	4	6	2	8	3	9	5
5	2	3	4	1	9	8	6	7
8	6	9	3	7	5	4	2	1

Puzzle # 170

9	1	2	4	3	7	5	8	6
8	7	6	2	1	5	3	9	4
5	3	4	8	6	9	2	1	7
1	4	5	6	9	2	8	7	3
3	6	7	1	8	4	9	5	2
2	9	8	5	7	3	4	6	1
6	2	1	3	5	8	7	4	9
7	8	3	9	4	1	6	2	5
4	5	9	7	2	6	1	3	8

Puzzle # 171

6	3	8	5	2	7	1	4	9
9	1	5	6	8	4	7	3	2
2	7	4	9	1	3	6	8	5
5	6	7	2	3	8	9	1	4
8	9	1	4	5	6	3	2	7
3	4	2	1	7	9	5	6	8
7	8	9	3	6	2	4	5	1
1	2	3	7	4	5	8	9	6
4	5	6	8	9	1	2	7	3

Puzzle # 172

4	3	5	2	9	1	8	7	6
7	2	8	4	3	6	5	9	1
1	6	9	5	8	7	3	2	4
2	5	1	3	7	4	9	6	8
3	9	6	8	1	5	2	4	7
8	4	7	6	2	9	1	3	5
6	1	2	9	4	8	7	5	3
5	8	3	7	6	2	4	1	9
9	7	4	1	5	3	6	8	2

Puzzle # 173

3	9	5	4	6	8	2	1	7
4	2	8	1	5	7	3	9	6
7	1	6	9	2	3	8	5	4
1	6	9	2	4	5	7	3	8
2	8	7	6	3	9	5	4	1
5	4	3	7	8	1	9	6	2
9	7	4	5	1	2	6	8	3
8	5	1	3	7	6	4	2	9
6	3	2	8	9	4	1	7	5

Puzzle # 174

9	7	8	1	2	6	3	4	5
1	4	6	3	8	5	2	9	7
2	5	3	9	7	4	8	1	6
8	9	1	2	5	7	4	6	3
7	6	4	8	3	1	9	5	2
5	3	2	6	4	9	1	7	8
6	2	7	4	1	8	5	3	9
4	8	5	7	9	3	6	2	1
3	1	9	5	6	2	7	8	4

Puzzle # 175

6	3	1	7	5	2	9	8	4
7	4	9	3	1	8	2	6	5
5	8	2	9	4	6	3	7	1
3	7	4	1	2	9	8	5	6
2	6	8	5	3	7	4	1	9
9	1	5	8	6	4	7	2	3
1	2	7	4	9	5	6	3	8
8	9	3	6	7	1	5	4	2
4	5	6	2	8	3	1	9	7

Puzzle # 176

3	5	6	4	7	9	8	2	1
4	8	7	1	2	6	5	3	9
9	1	2	8	3	5	4	7	6
6	3	4	5	1	2	9	8	7
8	9	5	3	6	7	2	1	4
2	7	1	9	8	4	3	6	5
5	2	3	6	9	1	7	4	8
1	4	8	7	5	3	6	9	2
7	6	9	2	4	8	1	5	3

Puzzle # 177

8	9	2	4	5	3	7	1	6
6	7	3	8	2	1	4	5	9
1	5	4	9	7	6	3	2	8
7	2	6	5	4	8	9	3	1
5	8	9	1	3	2	6	7	4
4	3	1	7	6	9	5	8	2
9	6	7	2	1	5	8	4	3
3	1	5	6	8	4	2	9	7
2	4	8	3	9	7	1	6	5

Puzzle # 178

3	5	1	6	2	7	8	4	9
6	8	2	4	3	9	5	7	1
9	7	4	8	1	5	6	2	3
4	3	5	7	6	2	9	1	8
2	9	6	1	4	8	7	3	5
7	1	8	9	5	3	4	6	2
5	2	9	3	7	4	1	8	6
1	4	3	5	8	6	2	9	7
8	6	7	2	9	1	3	5	4

Puzzle # 179

9	8	5	4	3	2	1	6	7
7	3	6	1	8	9	2	4	5
2	4	1	6	7	5	3	8	9
1	6	7	5	9	3	4	2	8
4	5	3	2	6	8	9	7	1
8	9	2	7	1	4	5	3	6
5	7	8	3	4	1	6	9	2
6	1	4	9	2	7	8	5	3
3	2	9	8	5	6	7	1	4

Puzzle # 180

3	8	6	2	4	5	1	7	9
9	5	2	7	6	1	3	8	4
1	4	7	9	8	3	2	5	6
5	9	3	4	1	2	7	6	8
4	7	1	6	9	8	5	2	3
2	6	8	3	5	7	9	4	1
7	2	9	8	3	4	6	1	5
8	3	5	1	7	6	4	9	2
6	1	4	5	2	9	8	3	7

Puzzle # 181

9	4	7	2	5	1	3	6	8
3	5	6	9	8	4	2	7	1
1	2	8	7	6	3	5	4	9
6	3	9	4	2	5	1	8	7
8	1	2	3	9	7	6	5	4
5	7	4	6	1	8	9	2	3
4	9	5	1	7	6	8	3	2
7	8	1	5	3	2	4	9	6
2	6	3	8	4	9	7	1	5

Puzzle # 182

4	2	3	5	7	6	9	1	8
9	1	5	3	2	8	4	6	7
6	8	7	9	1	4	5	2	3
5	9	2	6	8	1	7	3	4
3	6	1	7	4	5	8	9	2
8	7	4	2	9	3	1	5	6
1	3	9	4	6	7	2	8	5
2	4	6	8	5	9	3	7	1
7	5	8	1	3	2	6	4	9

Puzzle # 183

2	6	3	9	7	5	1	4	8
1	5	4	2	6	8	9	3	7
9	8	7	4	1	3	6	2	5
8	2	1	5	3	6	4	7	9
4	3	5	8	9	7	2	1	6
6	7	9	1	2	4	5	8	3
3	1	2	6	8	9	7	5	4
5	9	8	7	4	2	3	6	1
7	4	6	3	5	1	8	9	2

Puzzle # 184

7	3	2	6	1	8	9	5	4
5	6	8	4	2	9	7	1	3
4	9	1	7	5	3	6	8	2
1	4	6	9	3	5	2	7	8
3	8	7	2	4	1	5	6	9
2	5	9	8	6	7	4	3	1
8	2	5	3	9	6	1	4	7
6	7	4	1	8	2	3	9	5
9	1	3	5	7	4	8	2	6

Puzzle # 185

1	4	5	9	7	2	8	3	6
3	2	9	6	5	8	4	1	7
8	7	6	4	1	3	9	2	5
9	8	7	1	3	4	6	5	2
6	5	3	8	2	7	1	9	4
4	1	2	5	6	9	3	7	8
5	3	4	2	9	6	7	8	1
2	9	8	7	4	1	5	6	3
7	6	1	3	8	5	2	4	9

Puzzle # 186

9	2	4	6	5	1	7	8	3
3	5	8	4	7	2	1	6	9
6	1	7	8	9	3	4	2	5
2	8	6	7	3	4	5	9	1
7	3	5	9	1	8	6	4	2
4	9	1	2	6	5	3	7	8
1	4	2	5	8	6	9	3	7
5	6	9	3	2	7	8	1	4
8	7	3	1	4	9	2	5	6

Puzzle # 187

7	6	5	3	4	9	2	8	1
9	1	4	2	8	7	5	6	3
3	2	8	1	5	6	4	7	9
6	3	7	4	1	5	9	2	8
5	4	1	9	2	8	6	3	7
8	9	2	6	7	3	1	4	5
1	8	3	5	6	2	7	9	4
4	7	6	8	9	1	3	5	2
2	5	9	7	3	4	8	1	6

Puzzle # 188

4	1	2	5	8	7	3	6	9
7	9	8	1	3	6	5	4	2
6	5	3	2	9	4	7	8	1
9	6	7	4	1	3	2	5	8
8	3	4	6	2	5	9	1	7
1	2	5	8	7	9	4	3	6
2	4	1	9	5	8	6	7	3
5	7	9	3	6	1	8	2	4
3	8	6	7	4	2	1	9	5

Puzzle # 189

6	8	2	1	4	3	7	9	5
4	3	7	6	9	5	8	2	1
1	5	9	7	2	8	3	4	6
3	2	8	5	6	9	1	7	4
9	4	6	3	1	7	5	8	2
7	1	5	4	8	2	9	6	3
8	7	1	2	5	4	6	3	9
5	9	4	8	3	6	2	1	7
2	6	3	9	7	1	4	5	8

Puzzle # 190

1	7	9	3	8	6	5	2	4
3	2	5	9	4	1	8	6	7
6	4	8	7	5	2	1	9	3
5	9	7	6	1	3	4	8	2
4	8	1	2	9	5	7	3	6
2	6	3	8	7	4	9	1	5
8	3	4	5	6	9	2	7	1
9	5	2	1	3	7	6	4	8
7	1	6	4	2	8	3	5	9

uzzle # 191

7	5	6	8	1	9	4	2	3
2	3	1	7	5	4	9	8	6
[illegible]	8	9	6	3	2	1	7	5
[illegible]	7	2	5	9	6	3	1	4
[illegible]	9	5	2	4	1	7	6	8
[illegible]	1	4	3	8	7	5	9	2
[illegible]	4	8	1	2	5	6	3	7
[illegible]	2	7	9	6	3	8	4	1
[illegible]	6	3	4	7	8	2	5	9

Puzzle # 192

1	9	7	6	5	4	2	3	8
5	6	8	2	7	3	1	4	9
2	4	3	8	1	9	5	6	7
4	7	1	3	9	6	8	2	5
3	2	5	1	4	8	9	7	6
6	8	9	7	2	5	3	1	4
7	3	4	9	8	1	6	5	2
9	1	2	5	6	7	4	8	3
8	5	6	4	3	2	7	9	1

Puzzle # 193

3	8	1	6	2	7	9	5	4
4	5	6	1	3	9	2	8	7
7	9	2	8	5	4	1	6	3
6	2	9	5	8	3	4	7	1
1	7	8	4	6	2	5	3	9
5	4	3	9	7	1	6	2	8
9	6	5	3	1	8	7	4	2
2	3	4	7	9	5	8	1	6
8	1	7	2	4	6	3	9	5

Puzzle # 194

9	2	6	7	5	1	3	4	8
4	1	5	8	9	3	2	6	7
7	8	3	6	2	4	9	5	1
8	3	4	5	7	2	6	1	9
1	7	2	4	6	9	8	3	5
6	5	9	3	1	8	4	7	2
2	6	7	9	4	5	1	8	3
5	9	8	1	3	6	7	2	4
3	4	1	2	8	7	5	9	6

Puzzle # 195

7	8	5	1	3	9	6	4	2
4	3	9	5	6	2	7	8	1
2	6	1	4	7	8	9	3	5
9	4	8	7	5	6	2	1	3
5	2	3	8	9	1	4	6	7
6	1	7	2	4	3	5	9	8
3	7	2	9	8	4	1	5	6
1	9	6	3	2	5	8	7	4
8	5	4	6	1	7	3	2	9

Puzzle # 196

2	6	4	5	1	8	3	9	7
9	8	3	4	2	7	1	5	6
7	5	1	9	6	3	4	2	8
4	2	8	1	5	6	7	3	9
5	7	9	8	3	4	6	1	2
1	3	6	2	7	9	8	4	5
8	1	5	6	4	2	9	7	3
6	4	7	3	9	5	2	8	1
3	9	2	7	8	1	5	6	4

Puzzle # 197

6	5	7	8	1	3	2	9	4
9	8	3	2	4	6	7	1	5
2	4	1	9	7	5	8	6	3
8	6	2	7	5	4	1	3	9
7	3	5	1	9	8	6	4	2
1	9	4	6	3	2	5	7	8
4	1	9	5	8	7	3	2	6
5	7	6	3	2	9	4	8	1
3	2	8	4	6	1	9	5	7

Puzzle # 198

9	7	8	3	5	2	6	4	1
2	3	5	1	6	4	7	8	9
1	4	6	8	7	9	5	3	2
4	8	9	6	2	7	3	1	5
5	1	7	9	8	3	2	6	4
6	2	3	5	4	1	9	7	8
8	9	4	7	3	5	1	2	6
3	6	1	2	9	8	4	5	7
7	5	2	4	1	6	8	9	3

Puzzle # 199

7	1	8	5	6	9	2	4	3
2	5	4	8	7	3	9	6	1
9	6	3	4	2	1	8	5	7
1	8	5	3	4	2	7	9	6
3	7	2	9	8	6	5	1	4
6	4	9	1	5	7	3	2	8
8	9	1	6	3	5	4	7	2
4	2	6	7	9	8	1	3	5
5	3	7	2	1	4	6	8	9

Puzzle # 200

2	8	9	3	4	1	6	7	5
4	3	7	5	9	6	2	8	1
6	5	1	8	7	2	9	3	4
7	4	6	1	2	5	3	9	8
3	2	8	4	6	9	5	1	7
9	1	5	7	8	3	4	6	2
1	6	4	2	3	8	7	5	9
5	7	3	9	1	4	8	2	6
8	9	2	6	5	7	1	4	3

Puzzle # 201

9	2	4	7	1	3	6	5	8
5	7	6	2	9	8	1	4	3
1	8	3	4	5	6	7	9	2
2	3	9	8	6	7	5	1	4
6	4	5	9	3	1	2	8	7
8	1	7	5	4	2	9	3	6
3	9	2	6	8	5	4	7	1
7	5	8	1	2	4	3	6	9
4	6	1	3	7	9	8	2	5

Puzzle # 202

4	5	3	2	9	8	7	1	6
1	9	8	7	3	6	4	2	5
2	7	6	4	5	1	8	9	3
9	4	5	8	6	2	1	3	7
7	3	2	1	4	5	6	8	9
8	6	1	9	7	3	5	4	2
3	2	7	6	1	4	9	5	8
5	1	9	3	8	7	2	6	4
6	8	4	5	2	9	3	7	1

Puzzle # 203

5	9	4	3	6	8	7	2	1
3	7	8	9	1	2	5	6	4
1	6	2	5	4	7	3	8	9
8	1	5	7	9	4	2	3	6
7	2	6	8	3	1	9	4	5
9	4	3	6	2	5	1	7	8
4	3	9	2	5	6	8	1	7
6	5	7	1	8	3	4	9	2
2	8	1	4	7	9	6	5	3

Puzzle # 204

4	3	5	1	8	9	2	7	6
6	9	7	3	5	2	8	1	4
8	1	2	6	4	7	3	9	5
5	8	9	2	1	6	7	4	3
2	6	1	4	7	3	9	5	8
3	7	4	5	9	8	6	2	1
9	4	6	7	3	5	1	8	2
1	2	8	9	6	4	5	3	7
7	5	3	8	2	1	4	6	9

Puzzle # 205

3	8	4	9	7	1	6	2	5
5	2	6	3	8	4	7	9	1
7	9	1	2	6	5	3	4	8
2	6	7	1	3	9	8	5	4
8	5	3	6	4	2	9	1	7
4	1	9	8	5	7	2	6	3
9	7	5	4	2	3	1	8	6
6	3	2	5	1	8	4	7	9
1	4	8	7	9	6	5	3	2

Puzzle # 206

2	4	7	8	5	9	3	6	1
3	8	9	1	6	7	4	2	5
1	6	5	4	2	3	9	7	8
8	7	1	2	9	5	6	3	4
9	3	6	7	4	8	5	1	2
5	2	4	6	3	1	8	9	7
6	5	2	9	7	4	1	8	3
7	1	3	5	8	6	2	4	9
4	9	8	3	1	2	7	5	6

Puzzle # 207

8	9	5	4	7	3	1	2	6
7	6	1	5	2	8	3	9	4
3	2	4	1	6	9	5	8	7
4	8	6	3	1	2	7	5	9
9	7	2	6	4	5	8	1	3
1	5	3	9	8	7	4	6	2
6	3	8	7	9	1	2	4	5
5	1	9	2	3	4	6	7	8
2	4	7	8	5	6	9	3	1

Puzzle # 208

2	9	1	6	3	7	8	5	4
7	5	3	8	4	1	9	2	6
6	4	8	5	2	9	1	7	3
4	6	5	9	1	2	7	3	8
1	8	7	4	5	3	6	9	2
3	2	9	7	6	8	4	1	5
9	3	4	2	7	6	5	8	1
8	1	6	3	9	5	2	4	7
5	7	2	1	8	4	3	6	9

Puzzle # 209

1	4	7	5	9	3	8	2	6
5	2	9	7	8	6	1	4	3
6	3	8	2	4	1	9	5	7
3	1	5	9	6	7	4	8	2
4	8	6	1	2	5	3	7	9
7	9	2	4	3	8	6	1	5
8	6	1	3	5	2	7	9	4
9	5	3	8	7	4	2	6	1
2	7	4	6	1	9	5	3	8

Puzzle # 210

3	9	2	6	5	1	8	4	7
1	4	7	2	3	8	6	5	9
5	8	6	4	9	7	3	1	2
7	1	5	3	6	9	2	8	4
8	6	9	1	2	4	7	3	5
4	2	3	7	8	5	1	9	6
9	3	1	5	7	2	4	6	8
2	5	4	8	1	6	9	7	3
6	7	8	9	4	3	5	2	1

Puzzle # 211

4	7	6	8	2	5	3	1	9
3	1	8	9	4	6	5	2	7
2	5	9	3	7	1	6	4	8
1	9	4	2	3	7	8	6	5
7	6	3	1	5	8	2	9	4
5	8	2	6	9	4	7	3	1
6	3	5	4	8	9	1	7	2
8	4	1	7	6	2	9	5	3
9	2	7	5	1	3	4	8	6

Puzzle # 212

6	2	9	7	8	5	4	1	3
3	5	1	4	6	9	2	7	8
8	7	4	2	1	3	5	6	9
9	1	6	8	4	2	3	5	7
5	4	2	3	9	7	6	8	1
7	8	3	1	5	6	9	2	4
2	6	8	9	7	4	1	3	5
4	3	7	5	2	1	8	9	6
1	9	5	6	3	8	7	4	2

Puzzle # 213

2	7	9	1	5	3	4	6	8
1	4	3	6	9	8	2	5	7
6	5	8	2	7	4	3	9	1
7	6	5	8	3	2	1	4	9
9	3	1	4	6	5	7	8	2
8	2	4	9	1	7	6	3	5
4	9	2	3	8	1	5	7	6
5	1	6	7	4	9	8	2	3
3	8	7	5	2	6	9	1	4

Puzzle # 214

3	2	4	8	5	1	7	9	6
9	6	5	4	2	7	8	3	1
1	7	8	6	9	3	2	4	5
8	9	3	5	6	4	1	2	7
5	1	6	7	3	2	4	8	9
2	4	7	9	1	8	5	6	3
4	5	9	1	8	6	3	7	2
6	8	2	3	7	5	9	1	4
7	3	1	2	4	9	6	5	8

Puzzle # 215

7	1	4	3	8	9	2	5	6
3	2	8	1	5	6	9	7	4
9	5	6	7	4	2	8	3	1
2	8	7	5	9	1	4	6	3
5	6	9	4	2	3	7	1	8
4	3	1	6	7	8	5	2	9
6	9	5	8	3	7	1	4	2
8	4	3	2	1	5	6	9	7
1	7	2	9	6	4	3	8	5

Puzzle # 216

5	9	8	3	4	6	2	1	7
3	4	6	1	2	7	8	9	5
2	7	1	5	8	9	4	3	6
8	6	5	2	9	3	1	7	4
1	3	7	8	6	4	9	5	2
9	2	4	7	1	5	3	6	8
7	8	9	6	3	2	5	4	1
4	5	2	9	7	1	6	8	3
6	1	3	4	5	8	7	2	9

Puzzle # 217

7	4	6	3	1	9	5	8	2
9	3	2	5	8	4	1	7	6
5	1	8	2	6	7	9	4	3
3	5	4	8	9	6	7	2	1
8	9	7	4	2	1	6	3	5
6	2	1	7	3	5	4	9	8
1	8	9	6	7	3	2	5	4
4	7	3	1	5	2	8	6	9
2	6	5	9	4	8	3	1	7

Puzzle # 218

9	4	8	6	3	5	1	7	2
3	2	1	7	9	8	5	4	6
6	5	7	1	2	4	8	3	9
5	7	6	3	1	9	2	8	4
8	1	2	4	6	7	9	5	3
4	3	9	5	8	2	6	1	7
7	6	3	2	5	1	4	9	8
1	9	4	8	7	6	3	2	5
2	8	5	9	4	3	7	6	1

Puzzle # 219

8	4	9	3	5	2	7	6	1
6	1	3	4	7	8	2	5	9
5	2	7	6	1	9	8	4	3
1	9	5	8	2	7	4	3	6
2	7	4	1	6	3	5	9	8
3	8	6	9	4	5	1	2	7
7	5	8	2	9	6	3	1	4
9	3	1	5	8	4	6	7	2
4	6	2	7	3	1	9	8	5

Puzzle # 220

1	9	8	5	4	3	2	6	7
3	5	7	8	2	6	4	9	1
6	4	2	1	7	9	5	8	3
5	2	6	7	3	1	9	4	8
9	8	1	4	6	5	7	3	2
7	3	4	2	9	8	1	5	6
2	7	3	6	5	4	8	1	9
4	1	9	3	8	7	6	2	5
8	6	5	9	1	2	3	7	4

Puzzle # 221

6	1	2	7	3	8	9	5	4
7	3	4	5	9	1	2	6	8
5	9	8	2	6	4	1	3	7
1	6	7	3	8	2	4	9	5
9	2	5	1	4	6	8	7	3
8	4	3	9	7	5	6	1	2
3	7	1	4	2	9	5	8	6
2	8	9	6	5	7	3	4	1
4	5	6	8	1	3	7	2	9

Puzzle # 222

7	8	6	5	4	3	9	1	2
5	3	4	9	2	1	6	8	7
9	1	2	6	8	7	3	4	5
3	4	9	2	7	6	1	5	8
2	5	1	4	3	8	7	6	9
6	7	8	1	9	5	2	3	4
8	9	5	3	6	2	4	7	1
4	6	7	8	1	9	5	2	3
1	2	3	7	5	4	8	9	6

Puzzle # 223

8	2	6	1	9	7	5	4	3
3	7	1	5	2	4	6	8	9
5	4	9	8	6	3	1	7	2
1	8	3	2	4	9	7	5	6
9	6	4	7	5	8	3	2	1
7	5	2	3	1	6	4	9	8
6	9	8	4	3	5	2	1	7
4	1	7	6	8	2	9	3	5
2	3	5	9	7	1	8	6	4

Puzzle # 224

2	5	9	6	3	1	4	8	7
3	1	6	4	7	8	5	9	2
7	4	8	5	9	2	1	6	3
1	6	4	9	2	5	3	7	8
8	2	3	7	1	4	9	5	6
9	7	5	3	8	6	2	4	1
4	3	1	8	5	7	6	2	9
6	8	2	1	4	9	7	3	5
5	9	7	2	6	3	8	1	4

Puzzle # 225

7	2	9	1	5	4	6	8	3
4	3	6	7	8	2	5	1	9
1	8	5	6	9	3	4	7	2
9	7	2	5	3	6	8	4	1
8	1	4	9	2	7	3	6	5
5	6	3	8	4	1	2	9	7
2	5	7	4	6	9	1	3	8
6	9	8	3	1	5	7	2	4
3	4	1	2	7	8	9	5	6

Puzzle # 226

2	4	7	6	5	8	3	1	9
1	5	8	7	9	3	2	6	4
9	6	3	4	2	1	8	7	5
4	9	5	3	1	7	6	2	8
8	3	1	5	6	2	4	9	7
7	2	6	9	8	4	5	3	1
3	8	2	1	7	5	9	4	6
6	1	4	8	3	9	7	5	2
5	7	9	2	4	6	1	8	3

Puzzle # 227

6	7	1	4	3	5	8	2	9
4	8	2	7	9	1	6	5	3
3	5	9	6	2	8	7	4	1
8	9	5	2	1	6	3	7	4
1	3	6	8	4	7	2	9	5
7	2	4	9	5	3	1	8	6
9	1	3	5	7	2	4	6	8
5	6	7	3	8	4	9	1	2
2	4	8	1	6	9	5	3	7

Puzzle # 228

6	4	2	7	8	9	3	1	5
5	3	1	4	2	6	8	7	9
9	8	7	3	5	1	2	6	4
4	7	6	1	3	5	9	8	2
2	9	5	6	7	8	1	4	3
3	1	8	2	9	4	6	5	7
7	5	3	8	6	2	4	9	1
8	2	4	9	1	7	5	3	6
1	6	9	5	4	3	7	2	8

Puzzle # 229

9	1	5	3	4	8	7	2	6
4	6	7	2	1	5	8	3	9
3	8	2	6	7	9	1	5	4
2	4	8	7	9	1	3	6	5
1	7	3	5	2	6	4	9	8
5	9	6	8	3	4	2	7	1
8	3	4	9	6	7	5	1	2
6	2	1	4	5	3	9	8	7
7	5	9	1	8	2	6	4	3

Puzzle # 230

9	2	3	5	8	4	7	1	6
5	8	1	2	7	6	4	3	9
7	6	4	1	3	9	2	8	5
6	1	7	4	5	3	8	9	2
8	5	9	7	2	1	3	6	4
4	3	2	9	6	8	5	7	1
1	4	5	3	9	7	6	2	8
3	9	6	8	4	2	1	5	7
2	7	8	6	1	5	9	4	3

Puzzle # 231

1	4	6	2	5	8	3	7	9
7	3	8	1	6	9	2	5	4
2	9	5	7	4	3	1	6	8
6	8	2	4	7	5	9	1	3
3	5	9	8	2	1	6	4	7
4	1	7	9	3	6	5	8	2
5	7	1	3	8	2	4	9	6
9	2	4	6	1	7	8	3	5
8	6	3	5	9	4	7	2	1

Puzzle # 232

6	2	8	7	9	1	3	5	4
1	7	3	5	2	4	9	6	8
4	5	9	8	3	6	2	1	7
3	4	1	2	8	7	5	9	6
7	8	5	6	1	9	4	2	3
2	9	6	3	4	5	7	8	1
8	3	4	1	5	2	6	7	9
5	1	7	9	6	3	8	4	2
9	6	2	4	7	8	1	3	5

Puzzle # 233

3	1	4	6	9	2	5	8	7
5	6	8	1	4	7	9	2	3
9	7	2	3	5	8	4	6	1
8	2	7	4	1	6	3	5	9
6	4	5	2	3	9	7	1	8
1	9	3	7	8	5	6	4	2
2	3	6	5	7	1	8	9	4
4	8	1	9	6	3	2	7	5
7	5	9	8	2	4	1	3	6

Puzzle # 234

3	4	5	9	6	8	7	1	2
9	6	1	2	7	5	8	3	4
2	7	8	3	4	1	5	9	6
7	8	9	6	3	2	4	5	1
4	5	3	1	8	7	2	6	9
6	1	2	4	5	9	3	8	7
8	3	4	7	9	6	1	2	5
1	9	7	5	2	3	6	4	8
5	2	6	8	1	4	9	7	3

Puzzle # 235

2	8	5	4	9	7	3	6	1
6	3	7	2	8	1	9	4	5
1	4	9	6	5	3	8	2	7
4	9	6	5	1	2	7	3	8
5	2	1	7	3	8	4	9	6
3	7	8	9	6	4	5	1	2
7	6	4	3	2	5	1	8	9
9	1	3	8	7	6	2	5	4
8	5	2	1	4	9	6	7	3

Puzzle # 236

1	4	6	2	7	3	5	8	9
7	2	5	4	8	9	6	1	3
3	8	9	5	6	1	7	4	2
9	5	4	7	3	8	1	2	6
2	6	7	9	1	5	4	3	8
8	3	1	6	4	2	9	5	7
5	1	3	8	9	7	2	6	4
6	7	2	3	5	4	8	9	1
4	9	8	1	2	6	3	7	5

Puzzle # 237

7	2	4	3	9	5	8	6	1
5	8	9	1	6	4	2	3	7
6	1	3	2	8	7	5	9	4
8	7	1	4	2	3	6	5	9
3	5	2	6	7	9	1	4	8
4	9	6	5	1	8	7	2	3
1	6	8	9	3	2	4	7	5
9	4	7	8	5	6	3	1	2
2	3	5	7	4	1	9	8	6

Puzzle # 238

2	4	5	3	8	6	1	9	7
7	1	9	2	4	5	6	8	3
8	3	6	7	1	9	4	2	5
5	9	4	1	6	3	2	7	8
3	2	1	8	5	7	9	4	6
6	7	8	9	2	4	5	3	1
1	5	3	4	9	8	7	6	2
9	6	7	5	3	2	8	1	4
4	8	2	6	7	1	3	5	9

Puzzle # 239

5	3	9	7	4	2	1	8	6
2	6	8	5	3	1	7	9	4
7	4	1	6	8	9	3	5	2
1	8	7	3	2	4	5	6	9
3	2	6	9	1	5	4	7	8
4	9	5	8	7	6	2	1	3
9	7	3	4	5	8	6	2	1
8	5	2	1	6	3	9	4	7
6	1	4	2	9	7	8	3	5

Puzzle # 240

6	8	1	9	7	4	3	2	5
3	7	9	5	2	8	1	6	4
2	5	4	1	3	6	9	7	8
7	4	3	6	8	5	2	1	9
5	1	2	4	9	3	7	8	6
8	9	6	2	1	7	5	4	3
9	6	5	7	4	1	8	3	2
1	2	8	3	6	9	4	5	7
4	3	7	8	5	2	6	9	1

Puzzle # 241

2	7	1	9	5	4	3	6	8
5	9	4	6	8	3	2	7	1
6	8	3	1	7	2	4	5	9
1	2	5	7	3	6	9	8	4
8	3	9	2	4	5	6	1	7
4	6	7	8	9	1	5	3	2
3	4	8	5	1	9	7	2	6
7	5	2	4	6	8	1	9	3
9	1	6	3	2	7	8	4	5

Puzzle # 242

1	4	6	7	9	5	2	8	3
2	8	9	6	4	3	5	1	7
3	5	7	8	1	2	9	4	6
7	2	1	3	8	9	4	6	5
6	9	4	5	2	7	1	3	8
8	3	5	1	6	4	7	2	9
5	1	2	9	3	6	8	7	4
4	7	3	2	5	8	6	9	1
9	6	8	4	7	1	3	5	2

Puzzle # 243

2	5	8	9	1	4	6	3	7
7	6	4	3	8	5	1	9	2
1	3	9	7	6	2	5	8	4
3	2	5	8	4	7	9	1	6
8	9	7	6	2	1	3	4	5
4	1	6	5	3	9	7	2	8
6	4	3	1	5	8	2	7	9
9	8	1	2	7	6	4	5	3
5	7	2	4	9	3	8	6	1

Puzzle # 244

3	5	2	7	6	9	4	1	8
4	8	7	1	2	3	5	9	6
9	1	6	4	5	8	3	7	2
6	7	4	8	9	1	2	3	5
8	3	9	5	4	2	1	6	7
5	2	1	3	7	6	9	8	4
2	6	5	9	3	7	8	4	1
7	9	8	2	1	4	6	5	3
1	4	3	6	8	5	7	2	9

Puzzle # 245

9	8	3	1	2	4	6	7	5
2	4	6	5	7	9	8	1	3
1	7	5	6	8	3	4	9	2
8	5	1	2	3	6	7	4	9
6	3	9	4	5	7	2	8	1
4	2	7	9	1	8	5	3	6
3	9	4	8	6	2	1	5	7
7	1	2	3	4	5	9	6	8
5	6	8	7	9	1	3	2	4

Puzzle # 246

1	9	4	5	8	2	7	3	6
8	2	6	7	9	3	5	4	1
5	7	3	4	1	6	2	8	9
7	4	2	8	5	1	6	9	3
9	6	8	3	2	4	1	7	5
3	5	1	9	6	7	8	2	4
4	8	7	1	3	5	9	6	2
2	3	5	6	7	9	4	1	8
6	1	9	2	4	8	3	5	7

Puzzle # 247

7	1	8	6	5	4	2	9	3
6	9	2	8	1	3	5	7	4
4	3	5	9	7	2	8	1	6
9	7	6	1	4	8	3	5	2
5	4	3	2	6	7	9	8	1
2	8	1	3	9	5	4	6	7
3	5	9	7	2	1	6	4	8
8	6	7	4	3	9	1	2	5
1	2	4	5	8	6	7	3	9

Puzzle # 248

5	2	4	9	1	6	7	8	3
1	6	9	3	8	7	2	4	5
7	3	8	5	2	4	6	9	1
9	5	7	8	6	3	4	1	2
8	1	3	4	9	2	5	6	7
2	4	6	7	5	1	8	3	9
3	7	5	6	4	9	1	2	8
6	9	1	2	7	8	3	5	4
4	8	2	1	3	5	9	7	6

Puzzle # 249

6	9	4	5	2	7	3	1	8
3	1	5	6	4	8	9	2	7
8	7	2	3	1	9	5	6	4
5	3	1	4	8	6	2	7	9
4	6	9	2	7	1	8	5	3
7	2	8	9	3	5	6	4	1
2	8	6	7	9	4	1	3	5
1	5	7	8	6	3	4	9	2
9	4	3	1	5	2	7	8	6

Puzzle # 250

7	5	1	2	6	4	3	8	9
9	8	6	5	3	1	4	7	2
2	3	4	7	9	8	6	1	5
6	9	2	8	4	5	1	3	7
1	7	8	3	2	6	9	5	4
3	4	5	1	7	9	2	6	8
8	2	7	9	1	3	5	4	6
4	1	9	6	5	7	8	2	3
5	6	3	4	8	2	7	9	1

Puzzle # 251

3	4	1	9	7	8	5	6	2
8	6	9	5	2	3	4	1	7
5	2	7	1	4	6	8	9	3
6	9	8	7	5	2	1	3	4
1	5	4	6	3	9	7	2	8
2	7	3	8	1	4	6	5	9
7	1	2	4	9	5	3	8	6
4	3	6	2	8	1	9	7	5
9	8	5	3	6	7	2	4	1

Puzzle # 252

7	6	8	4	1	5	3	9	2
3	5	1	8	2	9	7	6	4
2	4	9	3	6	7	8	1	5
8	1	5	9	7	2	4	3	6
4	2	3	6	8	1	5	7	9
9	7	6	5	3	4	2	8	1
5	8	7	2	9	6	1	4	3
1	9	4	7	5	3	6	2	8
6	3	2	1	4	8	9	5	7

Puzzle # 253

7	2	9	4	3	6	1	8	5
3	5	4	7	1	8	6	9	2
6	1	8	9	2	5	4	7	3
9	8	7	1	5	4	2	3	6
2	4	6	3	8	7	5	1	9
5	3	1	6	9	2	8	4	7
8	6	3	2	4	9	7	5	1
1	7	5	8	6	3	9	2	4
4	9	2	5	7	1	3	6	8

Puzzle # 254

3	4	2	5	9	1	8	7	6
6	7	1	2	8	3	5	4	9
8	5	9	6	4	7	3	1	2
5	2	6	4	3	8	1	9	7
4	1	7	9	5	6	2	8	3
9	3	8	7	1	2	6	5	4
1	8	4	3	6	9	7	2	5
7	9	3	1	2	5	4	6	8
2	6	5	8	7	4	9	3	1

Puzzle # 255

[illegible]	9	5	4	3	7	2	8	6
[illegible]	2	8	9	1	6	3	7	5
[illegible]	6	7	2	8	5	9	4	1
[illegible]	7	2	8	4	9	6	1	3
[illegible]	1	4	5	6	3	8	2	7
[illegible]	3	6	7	2	1	5	9	4
[illegible]	4	9	3	7	2	1	5	8
[illegible]	5	1	6	9	8	4	3	2
[illegible]	8	3	1	5	4	7	6	9

Puzzle # 256

7	2	8	9	6	1	5	3	4
5	1	4	7	8	3	9	6	2
3	6	9	5	2	4	8	7	1
1	5	7	3	9	6	4	2	8
2	8	6	4	5	7	3	1	9
4	9	3	2	1	8	7	5	6
9	3	1	8	7	2	6	4	5
6	4	5	1	3	9	2	8	7
8	7	2	6	4	5	1	9	3

Puzzle # 257

1	5	4	3	6	9	8	7	2
7	9	8	2	4	1	3	5	6
2	3	6	5	8	7	9	1	4
4	7	3	1	9	8	6	2	5
6	2	1	7	5	3	4	8	9
5	8	9	4	2	6	1	3	7
3	6	7	9	1	5	2	4	8
8	1	2	6	7	4	5	9	3
9	4	5	8	3	2	7	6	1

Puzzle # 258

4	3	9	2	5	1	7	6	8
7	8	6	9	3	4	5	2	1
5	1	2	6	7	8	4	3	9
8	7	4	1	2	6	3	9	5
9	2	3	5	8	7	1	4	6
1	6	5	4	9	3	8	7	2
6	4	8	7	1	9	2	5	3
3	5	7	8	6	2	9	1	4
2	9	1	3	4	5	6	8	7

Puzzle # 259

2	5	9	7	4	8	1	3	6
3	8	4	6	5	1	2	9	7
6	1	7	9	3	2	4	8	5
8	9	5	2	1	6	3	7	4
7	4	2	3	8	9	5	6	1
1	3	6	5	7	4	8	2	9
5	6	1	8	9	3	7	4	2
9	7	8	4	2	5	6	1	3
4	2	3	1	6	7	9	5	8

Puzzle # 260

5	7	8	3	6	9	2	1	4
2	1	6	8	4	7	9	3	5
3	9	4	5	2	1	6	8	7
4	2	5	7	1	8	3	9	6
7	8	3	9	5	6	4	2	1
1	6	9	2	3	4	5	7	8
6	4	2	1	8	3	7	5	9
9	5	1	6	7	2	8	4	3
8	3	7	4	9	5	1	6	2

Puzzle # 261

1	5	6	2	9	8	3	7	4
7	4	9	1	3	5	6	8	2
3	8	2	7	6	4	9	5	1
6	9	4	8	1	7	2	3	5
5	2	1	6	4	3	8	9	7
8	7	3	5	2	9	1	4	6
2	3	7	9	5	1	4	6	8
4	6	8	3	7	2	5	1	9
9	1	5	4	8	6	7	2	3

Puzzle # 262

3	2	9	6	4	1	5	8	7
8	5	1	2	9	7	6	4	3
7	4	6	8	5	3	1	9	2
6	9	3	5	1	4	2	7	8
2	1	5	3	7	8	4	6	9
4	7	8	9	6	2	3	5	1
9	3	7	4	2	6	8	1	5
5	6	2	1	8	9	7	3	4
1	8	4	7	3	5	9	2	6

Puzzle # 263

3	9	2	4	8	6	7	5	1
7	1	4	2	5	9	6	3	8
6	8	5	7	3	1	2	9	4
4	3	1	8	9	2	5	6	7
8	7	6	5	1	3	4	2	9
5	2	9	6	4	7	1	8	3
2	4	7	3	6	8	9	1	5
9	6	8	1	7	5	3	4	2
1	5	3	9	2	4	8	7	6

Puzzle # 264

2	1	7	3	5	4	8	9	6
8	5	9	1	2	6	7	4	3
3	6	4	9	8	7	5	1	2
7	2	6	5	9	1	4	3	8
4	3	8	7	6	2	9	5	1
5	9	1	8	4	3	6	2	7
9	7	2	6	3	5	1	8	4
1	8	3	4	7	9	2	6	5
6	4	5	2	1	8	3	7	9

Puzzle # 265

8	1	6	9	3	2	5	7	4
9	7	3	8	5	4	1	6	2
2	5	4	6	1	7	9	8	3
1	3	9	5	4	6	8	2	7
5	4	8	7	2	3	6	9	1
6	2	7	1	9	8	3	4	5
3	8	5	4	7	9	2	1	6
7	6	2	3	8	1	4	5	9
4	9	1	2	6	5	7	3	8

Puzzle # 266

1	3	5	2	4	6	8	7	9
2	4	9	7	5	8	3	1	6
6	7	8	3	9	1	2	5	4
3	9	2	5	8	4	7	6	1
7	6	4	1	3	2	9	8	5
8	5	1	9	6	7	4	2	3
4	8	3	6	2	5	1	9	7
9	1	6	8	7	3	5	4	2
5	2	7	4	1	9	6	3	8

Puzzle # 267

4	9	1	8	7	3	2	6	5
2	6	7	4	5	9	3	1	8
8	3	5	2	6	1	7	4	9
3	1	4	9	2	7	8	5	6
6	5	2	3	1	8	4	9	7
7	8	9	6	4	5	1	2	3
5	7	6	1	3	2	9	8	4
1	4	8	7	9	6	5	3	2
9	2	3	5	8	4	6	7	1

Puzzle # 268

3	4	1	5	2	9	8	6	7
8	7	6	4	1	3	2	5	9
5	2	9	6	7	8	3	1	4
7	9	4	2	8	1	6	3	5
1	6	3	7	9	5	4	8	2
2	5	8	3	4	6	9	7	1
6	8	7	9	5	2	1	4	3
4	3	2	1	6	7	5	9	8
9	1	5	8	3	4	7	2	6

Puzzle # 269

1	8	6	3	7	5	2	4	9
2	7	4	8	9	6	1	5	3
9	5	3	1	2	4	7	8	6
8	2	9	6	1	3	5	7	4
4	6	1	7	5	9	8	3	2
5	3	7	2	4	8	6	9	1
7	4	2	5	3	1	9	6	8
3	1	8	9	6	7	4	2	5
6	9	5	4	8	2	3	1	7

Puzzle # 270

6	5	2	8	4	3	7	1	9
4	3	9	7	1	5	6	2	8
8	1	7	6	2	9	3	4	5
5	7	1	9	3	6	4	8	2
9	6	4	2	5	8	1	3	7
2	8	3	4	7	1	9	5	6
7	9	5	3	8	4	2	6	1
3	2	8	1	6	7	5	9	4
1	4	6	5	9	2	8	7	3

Puzzle # 271

4	8	9	7	6	3	5	1	2
7	1	6	2	4	5	9	8	3
5	2	3	8	9	1	4	7	6
1	3	7	4	8	2	6	5	9
8	6	4	3	5	9	7	2	1
2	9	5	1	7	6	8	3	4
6	4	1	5	3	7	2	9	8
3	7	8	9	2	4	1	6	5
9	5	2	6	1	8	3	4	7

Puzzle # 272

7	9	3	2	8	5	1	6	4
1	6	2	4	9	7	8	3	5
8	5	4	1	6	3	2	9	7
5	1	6	7	2	4	3	8	9
2	4	9	5	3	8	7	1	6
3	8	7	6	1	9	5	4	2
4	2	8	9	7	1	6	5	3
6	3	5	8	4	2	9	7	1
9	7	1	3	5	6	4	2	8

Puzzle # 273

5	8	3	1	2	7	9	6	4
6	1	9	8	3	4	7	5	2
4	7	2	9	6	5	1	8	3
2	5	6	3	9	8	4	1	7
1	3	8	7	4	6	5	2	9
7	9	4	5	1	2	8	3	6
3	6	5	4	7	1	2	9	8
8	2	7	6	5	9	3	4	1
9	4	1	2	8	3	6	7	5

Puzzle # 274

3	8	1	7	5	6	4	9	2
9	2	5	3	1	4	7	6	8
4	6	7	8	2	9	1	3	5
8	9	2	5	4	7	3	1	6
7	1	6	2	9	3	8	5	4
5	3	4	1	6	8	9	2	7
1	4	3	6	7	2	5	8	9
6	5	9	4	8	1	2	7	3
2	7	8	9	3	5	6	4	1

Puzzle # 275

6	8	1	7	5	2	9	4	3
2	9	7	6	4	3	5	1	8
3	5	4	8	9	1	7	6	2
4	7	6	1	8	9	3	2	5
9	2	5	3	6	4	8	7	1
1	3	8	5	2	7	4	9	6
7	4	3	2	1	5	6	8	9
8	1	9	4	3	6	2	5	7
5	6	2	9	7	8	1	3	4

Puzzle # 276

7	2	6	1	5	4	3	8	9
3	9	1	7	8	6	5	2	4
5	4	8	9	3	2	1	7	6
9	6	3	5	2	7	8	4	1
4	8	5	6	1	9	7	3	2
2	1	7	8	4	3	9	6	5
6	5	4	3	9	8	2	1	7
1	3	2	4	7	5	6	9	8
8	7	9	2	6	1	4	5	3

Puzzle # 277

2	7	4	8	5	3	6	1	9
3	6	9	2	1	4	8	7	5
8	1	5	7	9	6	2	4	3
1	2	3	9	7	8	5	6	4
5	4	8	6	3	1	7	9	2
7	9	6	4	2	5	1	3	8
9	5	2	3	6	7	4	8	1
6	8	1	5	4	9	3	2	7
4	3	7	1	8	2	9	5	6

Puzzle # 278

7	5	1	4	2	3	8	6	9
3	2	9	6	8	7	1	5	4
8	6	4	9	5	1	2	7	3
6	9	2	5	7	4	3	8	1
1	7	5	2	3	8	4	9	6
4	8	3	1	9	6	5	2	7
9	4	6	8	1	5	7	3	2
5	1	7	3	6	2	9	4	8
2	3	8	7	4	9	6	1	5

Puzzle # 279

5	8	2	1	7	4	6	3	9
3	7	9	5	8	6	2	4	1
4	1	6	9	2	3	7	8	5
7	4	8	2	6	1	5	9	3
2	9	5	3	4	7	8	1	6
6	3	1	8	5	9	4	2	7
1	5	4	6	3	2	9	7	8
9	6	7	4	1	8	3	5	2
8	2	3	7	9	5	1	6	4

Puzzle # 280

3	9	8	5	6	1	7	2	4
1	7	2	4	8	9	6	5	3
6	4	5	7	2	3	8	9	[illegible]
9	2	1	6	5	4	3	7	[illegible]
4	8	3	2	9	7	1	6	[illegible]
7	5	6	3	1	8	2	4	[illegible]
8	6	4	1	7	5	9	3	[illegible]
2	3	9	8	4	6	5	1	[illegible]
5	1	7	9	3	2	4	8	[illegible]

Puzzle # 281

6	2	8	9	5	4	1	3	7
7	3	4	1	2	8	6	9	5
1	5	9	7	3	6	2	4	8
3	1	7	2	8	5	9	6	4
5	8	6	3	4	9	7	2	1
4	9	2	6	1	7	8	5	3
9	4	3	8	7	2	5	1	6
8	6	1	5	9	3	4	7	2
2	7	5	4	6	1	3	8	9

Puzzle # 282

1	2	5	7	6	3	8	9	4
4	7	3	2	9	8	5	6	1
8	6	9	5	4	1	2	7	3
9	3	2	1	8	5	7	4	6
5	4	1	9	7	6	3	8	2
6	8	7	4	3	2	9	1	5
7	1	4	3	2	9	6	5	8
3	9	8	6	5	4	1	2	7
2	5	6	8	1	7	4	3	9

Puzzle # 283

3	1	6	7	8	9	5	4	2
7	9	5	4	2	1	8	3	6
8	4	2	5	6	3	1	7	9
1	2	3	9	5	8	4	6	7
5	6	7	2	1	4	9	8	3
9	8	4	6	3	7	2	1	5
4	7	1	3	9	2	6	5	8
6	3	9	8	4	5	7	2	1
2	5	8	1	7	6	3	9	4

Puzzle # 284

5	7	9	1	4	2	6	3	8
6	1	4	3	8	9	7	5	2
8	2	3	7	5	6	4	9	1
7	8	2	4	3	1	5	6	9
9	4	5	2	6	8	1	7	3
3	6	1	9	7	5	2	8	4
4	5	8	6	2	3	9	1	7
1	3	7	5	9	4	8	2	6
2	9	6	8	1	7	3	4	5

Puzzle # 285

4	2	7	3	6	1	5	8	9
6	3	8	9	5	7	2	4	1
1	9	5	4	2	8	3	6	7
9	1	3	2	4	6	8	7	5
2	5	6	7	8	3	9	1	4
8	7	4	1	9	5	6	3	2
3	8	9	5	1	4	7	2	6
7	4	2	6	3	9	1	5	8
5	6	1	8	7	2	4	9	3

Puzzle # 286

2	4	1	8	5	6	7	3	9
7	9	5	2	4	3	6	1	8
3	6	8	7	1	9	2	5	4
1	3	6	4	8	5	9	2	7
9	8	7	3	6	2	1	4	5
5	2	4	1	9	7	3	8	6
8	1	3	9	7	4	5	6	2
6	7	2	5	3	8	4	9	1
4	5	9	6	2	1	8	7	3

uzzle # 287

3	7	2	6	1	9	8	5	4
9	6	5	3	4	8	2	7	1
4	1	8	7	5	2	6	9	3
[illegible]	2	3	4	7	1	5	6	9
[illegible]	5	4	8	9	6	3	2	7
[illegible]	9	6	5	2	3	4	1	8
[illegible]	8	1	9	3	5	7	4	2
[illegible]	3	7	1	6	4	9	8	5
[illegible]	4	9	2	8	7	1	3	6

Puzzle # 288

3	4	9	8	6	7	1	2	5
8	7	5	3	1	2	9	4	6
1	2	6	9	4	5	8	3	7
7	9	1	6	2	3	5	8	4
2	6	8	5	7	4	3	9	1
4	5	3	1	9	8	7	6	2
9	3	4	2	5	1	6	7	8
6	1	7	4	8	9	2	5	3
5	8	2	7	3	6	4	1	9

Puzzle # 289

8	9	7	1	2	3	6	5	4
5	6	3	8	4	9	1	2	7
1	4	2	5	6	7	3	9	8
6	3	4	7	9	5	8	1	2
2	1	8	6	3	4	5	7	9
7	5	9	2	8	1	4	6	3
9	8	5	4	7	6	2	3	1
3	2	1	9	5	8	7	4	6
4	7	6	3	1	2	9	8	5

Puzzle # 290

1	2	3	4	7	5	6	8	9
8	9	7	6	2	3	1	5	4
5	4	6	8	1	9	3	2	7
2	7	5	9	3	4	8	6	1
4	8	1	2	6	7	9	3	5
3	6	9	5	8	1	7	4	2
9	1	4	3	5	8	2	7	6
6	5	8	7	9	2	4	1	3
7	3	2	1	4	6	5	9	8

Puzzle # 291

2	5	6	4	9	8	1	7	3
7	3	1	6	2	5	4	8	9
9	4	8	7	3	1	6	5	2
6	1	9	3	4	7	8	2	5
3	2	5	9	8	6	7	1	4
4	8	7	5	1	2	3	9	6
5	7	2	1	6	4	9	3	8
8	6	3	2	7	9	5	4	1
1	9	4	8	5	3	2	6	7

Puzzle # 292

4	7	6	3	9	2	5	1	8
5	2	1	6	4	8	3	9	7
8	3	9	1	5	7	6	4	2
7	9	3	4	8	6	2	5	1
1	6	8	7	2	5	9	3	4
2	5	4	9	1	3	8	7	6
6	1	5	8	7	9	4	2	3
3	4	2	5	6	1	7	8	9
9	8	7	2	3	4	1	6	5

Puzzle # 293

9	3	7	1	4	8	5	2	6
5	4	6	2	9	7	8	3	1
1	2	8	6	5	3	4	9	7
3	5	2	9	6	1	7	4	8
8	7	1	5	3	4	2	6	9
4	6	9	8	7	2	3	1	5
2	8	5	3	1	6	9	7	4
7	1	3	4	8	9	6	5	2
6	9	4	7	2	5	1	8	3

Puzzle # 294

2	8	9	5	3	4	1	7	6
3	6	7	2	8	1	5	9	4
5	4	1	7	9	6	2	8	3
9	2	3	6	7	5	4	1	8
7	1	6	8	4	9	3	2	5
4	5	8	3	1	2	7	6	9
6	7	2	9	5	3	8	4	1
8	3	4	1	6	7	9	5	2
1	9	5	4	2	8	6	3	7

Puzzle # 295

9	1	4	5	7	2	6	8	3
3	8	2	4	1	6	7	9	5
6	7	5	3	8	9	4	2	1
2	9	7	1	4	5	8	3	6
8	5	3	9	6	7	2	1	4
4	6	1	2	3	8	5	7	9
5	4	9	7	2	3	1	6	8
1	2	6	8	9	4	3	5	7
7	3	8	6	5	1	9	4	2

Puzzle # 296

4	7	2	5	6	3	9	1	8
8	1	9	4	2	7	3	5	6
6	3	5	9	8	1	2	7	4
2	6	8	7	1	9	4	3	5
3	5	7	2	4	6	8	9	1
1	9	4	3	5	8	6	2	7
7	4	1	6	9	2	5	8	3
9	8	6	1	3	5	7	4	2
5	2	3	8	7	4	1	6	9

Puzzle # 297

9	2	3	7	4	6	1	5	8
8	5	7	9	1	2	6	3	4
6	1	4	3	8	5	7	2	9
2	4	6	1	3	9	8	7	5
5	9	8	2	6	7	4	1	3
7	3	1	8	5	4	9	6	2
4	7	5	6	2	8	3	9	1
1	6	2	4	9	3	5	8	7
3	8	9	5	7	1	2	4	6

Puzzle # 298

2	5	6	3	4	1	8	7	9
9	3	8	7	6	5	4	1	2
7	1	4	2	9	8	6	3	5
1	7	5	8	2	3	9	4	6
8	6	3	4	7	9	5	2	1
4	2	9	5	1	6	3	8	7
5	8	7	6	3	2	1	9	4
6	4	1	9	8	7	2	5	3
3	9	2	1	5	4	7	6	8

Puzzle # 299

4	5	1	6	2	9	3	8	7
7	9	8	1	3	5	4	6	2
6	3	2	8	7	4	9	1	5
9	1	7	3	8	6	2	5	4
5	4	3	2	9	1	8	7	6
8	2	6	5	4	7	1	3	9
1	6	4	9	5	3	7	2	8
2	7	5	4	1	8	6	9	3
3	8	9	7	6	2	5	4	1

Puzzle # 300

6	5	8	2	9	4	3	7	1
3	2	7	8	5	1	6	4	9
1	4	9	6	7	3	5	8	2
9	8	6	1	2	7	4	3	5
2	3	5	4	8	6	1	9	7
4	7	1	5	3	9	2	6	8
7	9	4	3	1	5	8	2	6
8	1	3	9	6	2	7	5	4
5	6	2	7	4	8	9	1	3

PUZZLE CHALLENGE PAGE #1

Know someone who has this same book? Challenge
Them to a puzzle competition. Best score wins!!!

EXAMPLE:

NAME	***Puzzle Number***	***Time to Complete***
Mr. OWL	*#36*	*11 minutes 37 seconds*
Mrs. OWL ***WINNER!!!***	*#36*	*11 minutes 30 seconds*

NAME	**Puzzle Number**	**Time to Complete**

Get more blank Puzzle Challenge pages
Visit: www.puzzledowlpresents.info/puzzlechallenge

PUZZLE CHALLENGE PAGE #2

Can you Beat me?

Show off your best score and tell the WORLD!

Write your name, puzzle number and best time below.
Post a review at the link below, with a picture of this page showing your best time!!

NAME	Puzzle Number	Time to Complete

Get more blank Puzzle Challenge pages
Visit: puzzledowlpresents.com/review6

Made in the USA
Middletown, DE
02 February 2020

84042976R00073